GUIDE
POUR
LE SOUFFLAGE
DU VERRE

*Scientific Glassblowing
in French*

by

P. Luçol

Professor de Physique
Lycée de Chlermout-Ferrand

Wexford Press
2008

PRÉFACE.

Ce petit Ouvrage, complètement remanié dans sa seconde édition, se rapprochait, dans la première, du Livre publié par M. Shenstone : *Methods of glass-blowing*. De nombreuses expériences suscitées par mes propres travaux et mon enseignement, des avis et des conseils précieux de mes amis et le désir de donner une instruction rigoureusement systématique pour le soufflage du verre, m'ont conduit à refondre complètement l'Ouvrage. Il constitue maintenant un Cours gradué de soufflage du verre, divisé en cinq séries d'exercices, allant des plus simples aux plus difficiles, et qui embrasse autant que possible tout ce qui, en fait de travail du verre, est d'un emploi journalier dans le laboratoire. Le contenu du Livre a pu être considérablement augmenté par une exposition concise et une disposition claire, sans dépasser notablement l'étendue primitive.

Nous n'avons pas besoin de faire de nouveau remarquer ici combien il est important, vu l'économie de temps et d'argent qu'elle procure, d'avoir une connaissance même superficielle des procédés de soufflage du verre ; nous rappellerons seulement que le soufflage du verre, quand on suit une marche bien entendue, est un des travaux d'adresse manuelle les plus faciles et par conséquent les plus profitables auxquels on puisse s'adonner. Avec l'importance de plus en plus grande que prennent pour le physicien comme pour le chimiste les travaux d'Électrochimie, et pour les questions d'éclairage les phénomènes produits par la décharge dans les gaz raréfiés, la soudure des électrodes, la construction des appareils à vide simples sont aussi importantes que les autres exercices pratiques auxquels on passe son temps, au cours des études dans les laboratoires, et sur lesquels existe une littérature étendue.

Je dois des remerciements particuliers aux professeurs Eilh. Wiedemann, à Erlangen, Schuller, à Budapest, et à MM. les souffleurs de verre Götze, à

Leipzig, Hildebrand, à Erlangen, et le Dr Kiss, à Budapest. J'ai pu encore prendre avant l'impression quelques indications dans le Livre tout récent, mais complètement différent du mien dans sa disposition, de MM. Djakonow et Lermantoff.

Je dois remercier particulièrement l'éditeur de son bienveillant empressement à faire exécuter de nombreuses figures nouvelles.

H. Ebert.

Kiel, avril 1895.

GUIDE

POUR

LE SOUFFLAGE DU VERRE.

INTRODUCTION.

INSTALLATION DU SOUFFLEUR DE VERRE.

INSTRUMENTS SERVANT A SOUFFLER LE VERRE.

Le matériel nécessaire pour le soufflage du verre est très simple et peut être constitué moyennant une dépense relativement faible. Il faut se le procurer avant de passer au travail du verre proprement dit, et préparer jusqu'aux simples instruments accessoires, parce qu'ils deviennent nécessaires dès les premiers travaux à exécuter avec le verre.

1. **Chalumeaux.** — Ce qui importe le plus, pour souffler du verre, c'est d'avoir un bon chalumeau. Nous allons décrire successivement les dispositions de plus en plus parfaites que l'on a imaginées, depuis la simple lampe à huile, dont l'usage est encore aujourd'hui très répandu dans quelques-

unes des régions où l'on souffle le verre, en Thuringe notamment, jusqu'aux chalumeaux à gaz très perfectionnés, qu'un grand nombre de maisons bien connues livrent au commerce à des prix relativement bas. Il en est du chalumeau comme de la plupart des outils : les détails de construction ont moins d'importance que l'habileté de main ; l'homme qui aura travaillé pendant des années avec une lampe et sera habitué à la manier réussira mieux, même avec un modèle imparfait, qu'un novice avec l'instrument le mieux construit. Aussi les avis sont-ils très partagés sur la valeur des divers chalumeaux, et nous éviterons de recommander un système plutôt qu'un autre. Si une lampe peut donner tous les intermédiaires entre une fine flamme pointue et une grande flamme chaude et bruyante, elle remplit essentiellement les conditions qu'on doit exiger d'un chalumeau ; tout le reste est affaire d'usage.

On emploie comme combustible, dans les lampes usuelles, un hydrocarbure volatil quelconque mélangé avec une quantité d'oxygène suffisante, qui est amenée par un fort courant d'air. Dans l'industrie on fait usage d'huiles diverses, notamment de l'huile de paraffine ou d'un mélange d'esprit-de-vin et d'essence de térébenthine, ou de l'air carburé, c'est-à-dire de l'air chargé de vapeurs de benzine ou d'un des produits facilement volatilisables que l'on extrait du naphte. Mais, dans la plupart des centres commerciaux et industriels les plus importants, le gaz de houille a supplanté tous les autres combustibles, et, dans ce qui va suivre, nous aurons principalement en vue les chalumeaux à gaz, bien que, pour être complet, nous parlions des autres lampes.

Chalumeau à huile. — Dans un vase plat, rempli d'huile ou de suif, plonge une mèche qui fait saillie d'un côté sur le bord du vase. Les meilleures mèches se font en tordant de longs et fins filaments d'amiante pure. Dans la flamme large et fumeuse de cette lampe on insuffle un fort courant d'air au moyen d'un tube fixé sur le côté et courbé vers le haut. Selon le diamètre de ce tube, on obtient soit une flamme fine terminée en pointe, soit une grande flamme s'élargissant en forme de pinceau ou de balai, avec laquelle on peut chauffer en entier de grosses masses de verre. Cette lampe ressemble tout à fait au chalumeau de Mitscherlich, dans lequel un courant d'air amené par un tuyau dans une flamme d'alcool produit une flamme pointue. Au lieu d'huile ou de suif, on remplit encore la lampe d'essence de pétrole (gazoline) ou mieux de paraffine, que l'on trouve dans le commerce, spécialement préparée pour cet objet.

On se sert avec avantage de lampes de cette espèce sur les vaisseaux (pour sceller, par exemple, les vases de verre dans lesquels on prélève les échantillons d'eau) ou pour souder de grosses pièces lorsqu'on aime mieux déplacer la lampe que les pièces elles-mêmes.

Chalumeau à gaz simple, facile à construire. — A 10^{cm} ou 12^{cm} de l'extrémité G du large tube de laiton A (*fig.* 1) est soudé un tube latéral B. Un

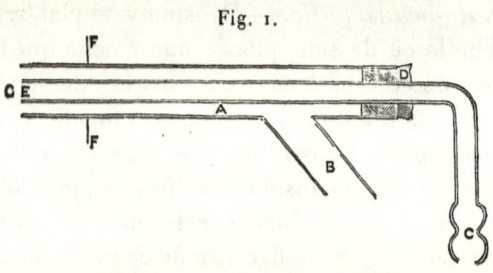

Fig. 1.

tube de verre EC est fixé en D dans le tube de laiton au moyen d'un bouchon. B est relié par un caoutchouc au robinet de la conduite du gaz; C, par un caoutchouc également, à un appareil permettant d'insuffler, dans la flamme du gaz qui brûle à l'orifice G du tube, un courant d'air plus ou moins fort. Pour avoir une flamme en pointe (un *dard*), il faut donner à l'orifice E du tuyau à air la grosseur d'une épingle pas trop petite; pour une flamme plus grande, riche en air, on peut sans inconvénient faire le diamètre intérieur de E presque égal à la moitié de celui de A. Pour passer rapidement d'une forme de flamme à une autre, on prépare plusieurs tubes CE d'ouvertures inégales. Pour pouvoir régler la position relative des extrémités des deux tubes, il est utile de munir le tube A d'une douille qui l'enserre étroitement; en enfonçant ou retirant cette douille, on place où l'on veut l'orifice G. Deux goupilles latérales et diamétralement opposées F, F, qui passent dans deux trous percés dans un billot de bois ou un gros bouchon de liège, maintiennent la lampe. On dispose ensuite sur le bord de la table, dans une position convenable, deux robinets destinés à régler commodément l'accès de l'air et du gaz pendant le travail. Il est bon de fixer à demeure ces robinets sur la table et de les relier par des caoutchoucs, d'une part, aux conduites de gaz et d'air, et d'autre part au chalumeau. Le mieux est de confectionner deux chalumeaux du modèle représenté dans la *fig.* 1; un plus gros avec un tube A de 15^{mm} à 17^{mm} de diamètre intérieur, et un plus petit de 11^{mm} environ. Les deux chalumeaux doivent toujours être prêts à servir, car il est parfois nécessaire d'employer successivement et à intervalles très rapprochés, dans le travail d'une même pièce, de grandes et de petites flammes.

Chalumeau à gaz usuel. — Le tube A (*fig.* 2) entoure un tube plus étroit B ayant même axe, et qui amène l'air; c'est par l'espace compris entre A et B qu'arrive le gaz. Une douille E est mobile sur le tube A. La partie antérieure de cette douille est courbée en forme d'hémisphère, afin que le courant de gaz soit dirigé de tous les côtés perpendicu-

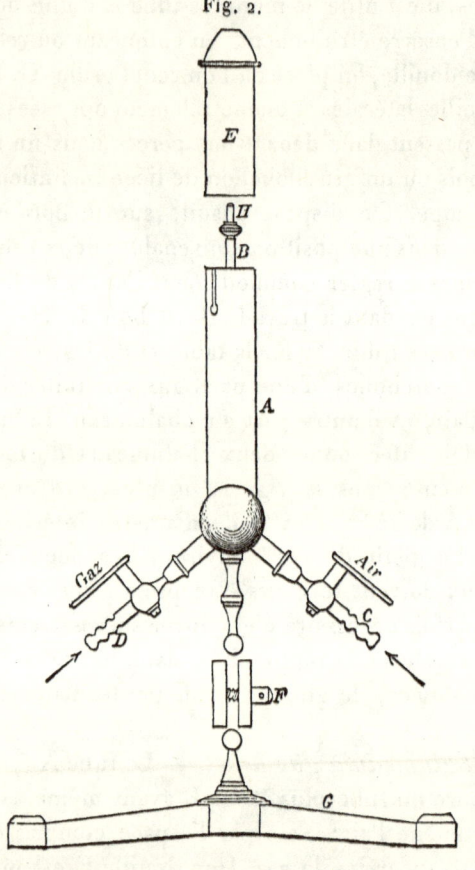

Fig. 2.

lairement au courant d'air et que les deux gaz se mélangent intimement avant de brûler. En déplaçant la douille E et réglant en même temps les robinets d'air et de gaz, on obtient des flammes de formes très différentes. En la soulevant, on limite la largeur de la flamme ; on choisit cette disposition quand on veut avoir des flammes fines et pointues ; a-t-on besoin d'une flamme large, bruyante et longue, on ramène en arrière la douille E. Le brûleur est relié à son pied par une genouillère F.

La genouillère permet d'incliner la flamme dans toutes les directions. Au chalumeau sont joints plusieurs ajutages H, de diamètres différents et qui peuvent être vissés sur le tuyau à air B. Il suffit de changer les ajutages pour réaliser, avec ces chalumeaux, toutes les flammes dont on a besoin ([1]).

([1]) Un chalumeau de ce modèle (*fig.* 3) est utilisé dans les

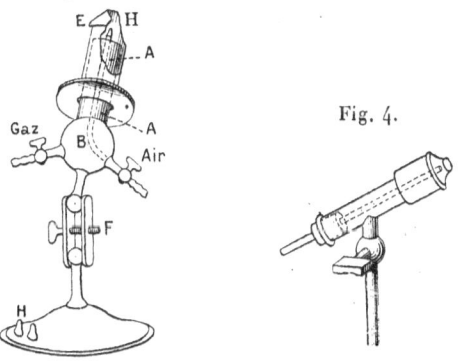

Fig. 3.

Fig. 4.

laboratoires comme brûleur à haute température, soit pour des fusions ou calcinations, soit pour le travail du verre. La douille

Chalumeau à réglage simultané du gaz et de l'air. — Le chalumeau ordinaire a l'inconvénient d'exiger toujours, pour le réglage de la flamme, la manœuvre de deux robinets ; or souvent, lorsqu'on a en mains, par exemple, de grosses pièces de verre chaud, il n'est pas facile de régler exactement de la même manière ces deux robinets. D'ordinaire, le réglage de la flamme n'est pas destiné à modifier les proportions relatives du gaz et de l'air dans le mélange, mais seulement à changer la grandeur d'une flamme à laquelle on veut conserver le même caractère. Il est très commode d'employer un chalumeau dans lequel un seul mouvement règle à la fois l'arrivée du gaz et celle de l'air ([1]).

2. Souffleries. — Dans toutes les opérations du soufflage du verre, on a besoin d'un courant d'air continu et pas trop faible ; on appelle abréviative-

---

se termine par un tronc de cône dont les génératrices sont inclinées à 45° sur l'axe, ce qui assure le mélange des gaz aussi bien, sinon mieux, que la disposition en hémisphère. Les ajutages H, ayant des diamètres très peu différents et assez faibles, ne peuvent donner les longues et larges flammes riches en air, nécessaires pour certaines opérations ; aussi préfère-t-on, pour le soufflage, l'instrument représenté *fig.* 4, qui se rapproche comme construction du chalumeau (*fig.* 2) ; on vend avec lui quatre ou cinq tubes de verre qu'on engage très facilement, suivant les besoins, dans l'axe du tube de cuivre extérieur.

(P. L.)

([1]) La *fig.* 5 représente un modèle construit par M. Chabaud, et dans lequel la manœuvre d'une crémaillère C donne simultanément aux deux conduits l'ouverture nécessaire. La *fig.* 6

ment *soufflerie* tout appareil permettant de l'obtenir.

Au point de vue des détails, une soufflerie peut présenter diverses formes, dont nous indiquerons seulement les suivantes :

Soufflet simple. — Entre deux planches dont les bords sont réunis par du cuir, et grâce au mouvement de va-et-vient de l'une d'elles, de l'air est aspiré à travers des soupapes, puis comprimé dans un réservoir qui, le plus souvent, est immédiate-

---

représente le modèle indiqué par M. Ebert ; il est construit par M. Altmann (Berlin, NW.) ; le résultat est obtenu en tournant un anneau.

Ces instruments peuvent rendre des services aux commen-

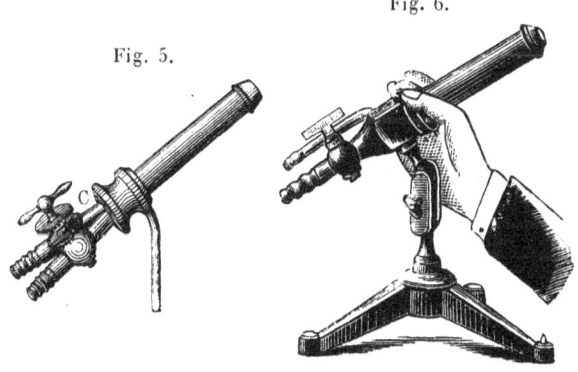

Fig. 5.   Fig. 6.

çants, mais les souffleurs de verre préfèrent le chalumeau représenté *fig.* 4. (P. L.)

ment relié avec la cavité. C'est le principe de tous les soufflets ; la disposition en est très variée. Pour souffler le verre, on emploie un soufflet à pédale que l'on manœuvre avec le pied; le mieux est de l'assujettir directement sous la table de travail. En le chargeant on donne à l'air la pression nécessaire. Dans ce but, le soufflet doit être assez épais et assez grand pour que son souffle, c'est-à-dire le temps que met à s'écouler l'air emmagasiné pendant une seule foulée du levier, dure à peu près une ou deux minutes. Dans ce cas, il faut éviter les foulées trop nombreuses et trop rapides, et ne pas oublier d'enlever le pied à la fin de chaque foulée, afin que le soufflet puisse se remplir de nouveau, ce qui n'est possible que lorsque la pédale remonte. Les commençants feront bien de s'exercer un peu à cette manœuvre, avant de passer au travail proprement dit ; il importe d'être assis commodément devant la table, et d'avoir la pédale bien sous le pied.

Trompe à eau. — Le travail est beaucoup plus commode et moins fatigant lorsqu'on produit un courant d'air au moyen d'une soufflerie hydraulique. On peut réaliser une disposition convenable au moyen d'une trompe à eau facile à construire. Un fort tube de verre A (*fig.* 7) est soudé dans un tube plus large B, de façon que son extrémité terminée en pointe soit à peu près à 2^{mm} de l'étranglement G du second tube. Un tube C est soudé latéralement à B. On trouve dans le commerce, pour un prix minime, des instruments de cette

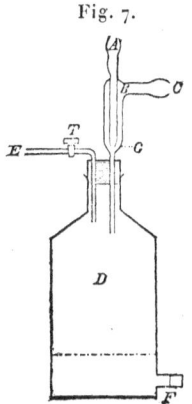

Fig. 7.

espèce. On fixe l'extrémité rétrécie de B dans un bouchon de caoutchouc sur un gros flacon D de 2 à 3 litres, portant près du fond une petite ouverture F. Le bouchon porte un tube de dégagement E ([1]).

([1]) Les modèles courants de trompe à eau sont la trompe dite d'*Alvergniat,* à ajutages divergents, et la trompe *américaine,* ayant un débit un peu plus faible que la précédente. Il est plus sûr de boucher au liège le flacon D, les bouchons de caoutchouc pouvant quelquefois céder à la pression de l'air intérieur. Ces trompes ont un fonctionnement très régulier, ce qui donne une grande constance au courant d'air de la soufflerie ; mais les changements d'allure sont plus aisés à réaliser rapidement avec un bon soufflet, avec lequel un opérateur exercé est constamment maître du courant d'air.   (P. L.)

A est relié à la conduite d'eau; l'eau entraîne de B en D l'air qui est aspiré à travers C. L'eau s'écoule par F et l'air sort par E; on règle le débit par le robinet T. Cette trompe ne donne, à la vérité, un courant d'air assez puissant que lorsque le débit de l'eau, ainsi que la vitesse avec laquelle elle s'écoule sont suffisants. Cette disposition n'est économique que dans les endroits où la pression d'eau est forte. Si l'eau est vendue au volume, la vitesse d'écoulement et par conséquent la puissance d'aspiration sont trop faibles, la pression étant faible. La soufflerie (*fig*. 8) est préférable.

Trompe à chute (*fig*. 8). — Un tuyau de caoutchouc A amène un fort courant d'eau (sous la pression de 20^{cm} d'eau, à peu près) à un tube B; l'eau sort de la partie inférieure de ce tube par une ouverture C, dont les bords sont coupés obliquement (voir *fig*. 8 le dessin agrandi de cette partie), sous la forme d'une forte veine qui ne se divise que modérément. La partie supérieure du tube B est assujettie dans un tube plus large D, dans l'axe duquel il peut être placé exactement, grâce à trois vis calantes E qui traversent le tube extérieur. Le tube D porte une ouverture latérale F. Au-dessous, on rattache à D, au moyen d'un bout de tube de caoutchouc G, un tube de verre de 1^m à 2^m de longueur, $1^{cm},8$ de diamètre, qui est également maintenu par en bas au moyen d'un caoutchouc sur la tubulure I,

INSTRUMENTS SERVANT A SOUFFLER LE VERRE. 13

soudée sur le couvercle de la caisse de tôle K.

Fig. 8.

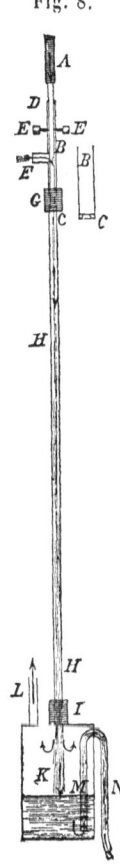

Outre I, cette caisse a encore deux ouvertures; à

l'une d'elles est soudée le tube L, la seconde laisse passer le tube M courbé en forme d'U.

Lorsque la veine liquide sort de l'ouverture C de telle manière qu'elle arrive, après s'être graduellement élargie, à remplir complètement la partie inférieure du tube de verre H, elle entraîne avec elle une masse d'air considérable, qui est constamment aspirée par l'ouverture F. Cet air se rassemble dans la caisse K, l'écume s'affaisse, et l'air comprimé s'échappe, en courant puissant et continu, par le tube L. L'eau qui s'est rassemblée est refoulée par le tube M. Ce dernier doit être assez large (2^{cm} environ) pour ne pas fonctionner comme un siphon et ne pas vider complètement la caisse ([1]); l'eau qui reste au fond forme fermeture. Le tout est convenablement fixé sur une planche vissée contre le mur; le mieux est de donner à la caisse de tôle une section demi-circulaire et de placer contre la planche sa face plane. Si l'on veut avoir un courant d'air encore plus fort, on fait aboutir dans la caisse deux ou trois tuyaux de chute (WEINHOLD).

3. Table de travail.

La table qui convient le mieux est de grandeur moyenne et de hauteur telle (75^{cm} à 85^{cm}) que les coudes puissent s'y appuyer commodément. Si le soufflet est placé au-dessous,

---

[1] C'est-à-dire assez large pour que la colonne liquide puisse se diviser dans la partie verticale N.   (P. L.)

la tablette doit être assez haut pour ne pas gêner la manœuvre de la pédale. Il est avantageux d'entailler en demi-cercle le devant de la table; le chalumeau est placé au milieu de l'entaille qui mesure 50^{cm} à 60^{cm} de diamètre, les bras sont appuyés des deux côtés. Les tuyaux d'amenée du gaz et de l'air arrivent directement au chalumeau à travers des ouvertures percées dans la table. Le dessus de la table ne doit être ni émaillé, ni revêtu d'une feuille de métal, parce que le verre chaud s'y casserait infailliblement. Sur les deux côtés de la table on perce une série de trous de diamètres différents, destinés à recevoir les pièces de verre chaud que l'on veut déposer. Sous les trous, et à quelque distance, est fixée une planchette, pour que les menus objets ne puissent pas tomber. On emploie, dans le même but, une série de chevilles de bois plantées sur la table. Le bord placé en face du souffleur est exhaussé, afin que l'on puisse placer plus bas les fragments de verre chaud. Il convient de disposer sur le côté de la table des tiroirs dans lesquels se trouveront les ustensiles que l'on doit toujours avoir sous la main.

Il est très pratique de disposer les robinets de telle sorte qu'on puisse les régler avec le pied (SCHULLER). Les robinets sont assujettis sur une planche fixée au sol, sous la table, de telle façon que leurs axes horizontaux, dans le prolongement l'un de l'autre, soient à 6^{cm} ou 8^{cm} au-dessus de la planche. Aux extrémités qui se font face, sont fixés deux cylindres de bois de 6^{cm} de diamètre et 5^{cm} de largeur environ. En appuyant le pied sur ces cylindres, on peut, après un peu d'exercice, parvenir à régler très exactement la flamme.

De plus, il est commode de munir la table d'une coulisse qui puisse être tirée en avant. A-t-on à courber une très longue pièce de verre, la table empêche souvent qu'on ne puisse le faire aisément. On place alors le chalumeau sur la partie antérieure arrondie de la coulisse, tirée en dehors, et l'on a des deux côtés une liberté de mouvements suffisante. D'ordinaire, la coulisse est poussée.

L'emplacement de la table doit être complètement dégagé et pas trop éclairé, car on ne pourrait pas alors contrôler suffisamment la flamme. La meilleure place est entre deux fenêtres ou contre le mur de côté.

4. **Instruments accessoires.** — En dehors des appareils précédents, on a encore besoin, dans le travail du verre, d'une série d'outils qu'il est bon d'avoir toujours à sa portée, et en plusieurs exemplaires, sur la table de travail. Le plus important d'entre eux est le couteau à verre.

Couteau à verre. — Pour pouvoir couper nettement les tubes ou les baguettes de verre, il faut auparavant entailler leur surface au point choisi pour la rupture. On y parvient avec de l'acier bien trempé. Un morceau de tôle d'acier, de 6^{cm} sur 8^{cm} environ, dont une arête est rendue très tranchante, rend les meilleurs services, bien que son maniement exige quelque habitude. On aiguise le tranchant sur une meule de grès ordinaire à grain grossier, en lui présentant à angle droit le fil de la lame sous une inclinaison de 60°. Un tiers-point de bon acier peut aussi très bien servir. Les plats des limes à verre peuvent être assez bien aiguisés pour être presque unis (racloirs); les arêtes finement dentées ainsi obtenues entaillent très bien le verre. Les outils simples que nous venons de citer, quand ils sont bien affûtés, remplacent parfaitement, avec un peu d'habitude, les divers modèles de *couteaux à verre* que l'on trouve dans le commerce.

Dans les terrains morainiques des plaines de l'Allemagne septentrionale, on trouve en abondance la pierre à fusil, ou silex, qui est très dure. Un éclat de silex, en forme de couteau, fixé à la cire à cacheter dans un manche en bois, constitue, avec son tranchant aigu, un très bon couteau à verre.

Flammes auxiliaires. — On a quelquefois besoin (pour courber les tubes, par exemple) d'une flamme plate et fumeuse et (pour réchauffer, refroidir ou fondre des tubes et des fils de verre très minces, par exemple) d'une flamme non alimentée par un courant d'air, et cependant assez chaude. Il est commode de disposer dans ce but sur la table elle-même un bec papillon (bec fendu) et un brûleur Bunsen ordinaire. Le premier, taillé dans de la stéatite, se trouve dans le commerce; on le mastique au minium et à l'huile de lin sur un bout de tube de fer ou de plomb, et on le relie directement à la conduite de gaz; on peut alors, avec sa flamme, approcher commodément de toutes les parties d'un appareil.

Pour les très grosses pièces, on emploie simultanément deux chalumeaux, que l'on place en face l'un de l'autre. On augmente la puissance d'un brûleur, par exemple lorsqu'on travaille du verre très difficilement fusible, en plaçant devant la flamme une brique, un gros morceau de pierre ponce ou de charbon de bois.

Ustensiles divers. — Pour élargir et border les tubes de verre, on emploie des morceaux de charbon de bois dur de diamètres différents, dont les extrémités sont taillées en forme de pointes coniques; il est bon de faire une des extrémités un peu moins pointue que l'autre (*fig.* 9). On prépare facilement de ces équarrissoirs pour tubes de verre au moyen des crayons de charbon pour les lampes électriques à arc, en les taillant à la lime, à une extrémité, en forme de pyramides à six ou huit faces. Il vaut mieux se servir de feuilles de tôle pas trop épaisses, taillées en triangle, et munies

INSTRUMENTS SERVANT A SOUFFLER LE VERRE. 19

d'un manche en bois. Pendant le travail, on doit les enduire de cire ou de paraffine, afin que le fer n'adhère pas au verre chaud. On prépare de ces

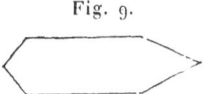

Fig. 9.

petites feuilles de fer ou de cuivre de différentes grosseurs, pour les tubes de différents diamètres. Au lieu de charbon de bois, on emploie aussi l'instrument représenté *fig*. 10. On plie une feuille de

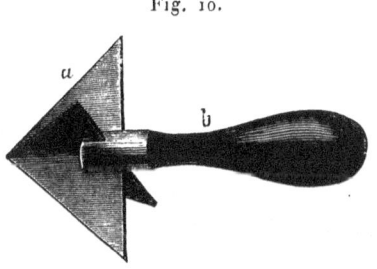

Fig. 10.

laiton carrée, très mince, de 8^{cm} à 12^{cm} de côté, de manière que ses diagonales forment les arêtes d'une pyramide à quatre faces a, les bords étant pressés les uns contre les autres en forme de croix. La feuille ainsi pliée est fichée dans deux entailles rectangulaires pratiquées dans le manche de bois b. Quand on fait tourner l'instrument autour de son axe, les arêtes de la forme a courbent les bords ramollis du tube qu'il faut élargir.

On peut aussi recommander l'usage de la pyramide en fils métalliques (*fig*. 11). Les cinq fils de cuivre a, de 1^{mm} de diamètre environ, sont tordus ensemble, puis courbés à angle droit, et ramenés ensuite de manière à former par leur réunion une

Fig. 11.

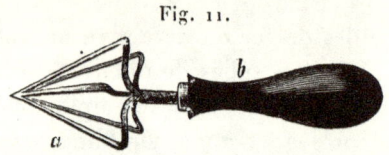

pointe. A leur point de contact ils sont soudés au laiton ; les bouts de fils qui dépassent sont abattus avec soin. La partie tordue est fichée dans un manche b.

Pour presser à plat le verre chaud, on emploie, pour les grosses pièces, un morceau de tôle de fer propre, que l'on place sur la table, près de la lampe ; dans les autres cas, une pince plate en fer. Pour déterminer la rupture des tubes très larges, on emploie des fils de fer assez gros, recourbés en demi-cercle de 2^{cm} à 4^{cm} de diamètre à leur partie antérieure.

De plus, des bouchons de liège ou de caoutchouc de diverses grosseurs sont nécessaires ; on découpe les plus petits dans des bouchons plus gros, au moyen d'un perce-bouchons acéré.

Il est commode d'avoir des fourches de bois de diverses tailles, qu'on enfonce dans les trous percés sur le côté de la table, et qui servent à tenir les tubes longs.

Un plat en fer rempli de sable sec, et placé sur la table, sert à déposer les fragments de verre chaud. A côté de la table, est placée une caisse en bois revêtue intérieurement d'une feuille de zinc et destinée à recevoir les déchets de verre. Tout à côté d'elle, doit également se trouver une provision de tubes de différentes épaisseurs et de différents diamètres. Le mieux est de les placer horizontalement sur les rayons d'une étagère munis de liteaux sur le devant; les rayons doivent toujours être en planches pleines, autrement les tubes fléchissent et se courbent.

LE VERRE.

1. Variétés de verres les plus employées. — Toutes les variétés de verres sont des combinaisons de silice (SiO^2) avec des oxydes métalliques, des silicates; le plus souvent, ce sont des mélanges d'au moins deux silicates. Les silicates purs ne répondent pas aux besoins de l'art du verrier. Ils ne se laissent pas amener par la chaleur, aussi facilement que les mélanges, à l'état de demi-fluidité; quelques-uns d'entre eux sont facilement attaqués par l'eau, tandis que d'autres, insolubles dans l'eau, sont relativement difficiles à fondre. Il y a en général dans le verre un excès de silice, c'est-à-dire qu'il y en a plus qu'il ne serait nécessaire pour former, avec le métal qu'il contient, un silicate normal.

Les variétés que l'on emploie dans le travail du verre sont les suivantes :

Verre à base de soude facilement fusible (verre de Thuringe). — Ce verre, fabriqué et mis en œuvre principalement en Thuringe, vient pour nous en première ligne, et de beaucoup, car il se laisse, bien mieux que les autres qualités, travailler à la lampe. A la vérité, ce verre relativement fusible est sujet à une dévitrification rapide (*voyez* plus bas, p. 27), spécialement lorsqu'il est très exposé à l'influence de l'humidité ou des vapeurs acides; aussi ne doit-on pas l'abandonner longtemps à lui-même avant de le travailler, mais vaut-il toujours mieux s'en servir quand il est fabriqué depuis peu.

Verre à base de plomb facilement fusible (cristal, flint-glass). — Il est fabriqué principalement en France et en Angleterre. Il est encore plus fusible que le précédent, mais se réduit facilement et noircit dans la flamme, de sorte qu'il faut prendre, pour le travailler, des précautions particulières. Comme il a sensiblement le même coefficient de dilatation que le platine, il se prête tout spécialement à la soudure des électrodes en platine; il est souvent employé à cet usage à la place de l'*émail* (*voir* plus loin, p. 123).

Verre peu fusible à base de potasse (verre de Bohême). — Ce verre, le plus souvent un peu verdâtre, n'est que difficilement ramolli à la flamme du chalumeau, mais il est très employé pour faire les tubes à combustion pour analyses organiques. Nous donnerons plus loin des indications plus détaillées sur le travail qu'il doit subir spécialement pour cet objet (p. 73)([1]).

Verre normal d'Iéna. — Ce verre, récemment composé par la Verrerie impériale allemande de Schott et consorts à Iéna, est de beaucoup le moins attaquable, et il ne l'est pas du tout par l'eau.

Voici sa composition chimique :

	gr.
Soude..................................	14,5
Chaux	7,0
Alumine	2,5
Oxyde de zinc....................	7,0
Silice	67,0
Acide borique	2,0
	100,0

([1]) Le *verre vert clair* du commerce, vendu d'ordinaire en tubes assez épais, est employé au même usage. Ce verre se rompt *toujours* lorsqu'on le chauffe sans précaution. Il est prudent de le placer d'abord quelque temps dans la *flamme fumeuse* (p. 53)

Avant tout, ce verre se distingue de tous les autres en ce qu'il est complètement exempt de *résidus de dilatation,* c'est-à-dire qu'il n'éprouve pas de changements lents de forme, longtemps encore après son refroidissement, ce qui le rend extrêmement précieux, pour la construction des thermomètres notamment. On reconnaît les tubes de verre d'Iéna à un filet rouge très fin enrobé dans la paroi du tube ([1]).

Verre d'urane. — Comme il est fréquemment nécessaire d'ajouter des pièces à des appareils achetés, ou d'effectuer des modifications et des réparations, et comme on ne dispose que très rarement d'un verre identique, il est bon de se munir en outre de quelques morceaux de verre d'urane. Ce sont des tubes de verre faits d'une matière fusible verdâtre, analogue au verre d'urane, qui possède la propriété de s'unir à toutes les espèces de verre employés en Allemagne. On ne la trouve pas par-

---

et de ne laisser arriver l'air que peu à peu, en tournant toujours le tube autour de son axe, de manière à élever *graduellement et uniformément* la température. (P. L.)

[1] Le verre dur de M. Guilbert-Martin, employé en France, notamment par M. Baudin, à qui nous devons ce renseignement, paraît encore supérieur au verre d'Iéna, à ce point de vue. Pendant le recuit que l'on fait subir aux thermomètres après leur construction, dans le but de détruire ces résidus de dilatation, le zéro remonte moins avec le verre Guilbert-Martin qu'avec le verre allemand, et se maintient bien après le recuit.
(P. L.)

tout; le mieux est de se la procurer chez un souffleur de verre (¹).

Pour le travail, on emploie ces verres exclusivement sous forme de tubes ou de baguettes. Les tubes sont confectionnés dans l'usine; la masse de verre chaud est soufflée en forme de sphères, que l'on étire en cylindres entre deux calottes de même diamètre et diamétralement opposées. La paroi de ces cylindres est naturellement plus épaisse aux extrémités qu'au milieu; de plus, ils sont le plus souvent plus ou moins courbés vers le bas, en leur milieu (²). Après refroidissement, on les sépare les uns des autres, et ils sont livrés au commerce en morceaux de 1^m à 2^m de long. Les tubes les plus employés sont ceux dont la paroi a pour épaisseur $\frac{1}{6}$ environ du diamètre intérieur; ils ont de 1^{mm} à 3^{mm} d'épaisseur, de 3^{mm} à 15^{mm} de diamètre intérieur; ils se laissent facilement courber; on les appelle

---

(¹) M. Götze, souffleur de verre, à Leipzig (Liebigstrasse), fournit ce verre. (H. E.)
Nous n'avons pu nous en procurer un échantillon qu'en faisant appel à l'obligeance de M. Ebert. Ce verre a tout à fait l'aspect du verre d'urane ordinaire; il nous a paru donner, pour de petites pièces, de bonnes soudures avec deux bons verres de soufflage français, qui proviennent l'un de l'usine de *La Briche*, l'autre de l'usine de *Saint-Denis*. (P. L.)

(²) Un autre procédé consiste à préparer, au bout de la *canne* du verrier, une *paraison* cylindrique à fond plat; le fond est collé sur un outil plat enduit de verre fondu, et deux ouvriers étirent la masse, en s'éloignant l'un de l'autre, jusqu'à ce qu'elle ait le diamètre voulu. (P. L.)

tubes de sûreté. Les tubes de 4^{mm} à 100^{mm} de diamètre, mais dont les parois ont une épaisseur relativement faible, servent surtout à la confection des gros appareils de verre, ce sont proprement les *tubes à souffler*. Les tubes à trou très fin sont les *tubes capillaires*, que l'on emploie pour faire les thermomètres. On appelle *tubes à manomètres* ou *tubes à baromètres* les tubes à parois très épaisses, indiquant par là leur principal usage.

La paraison doit être complètement exempte de bulles. Il n'en est pas toujours ainsi; les petites bulles qui restent sont étirées en forme de canaux; s'il en existe un grand nombre, ils donnent au verre une apparence striée.

Quand on achète des tubes de verre, il est bon d'en faire une assez ample provision et, si possible, de les commander directement à l'usine, parce que les pièces de verre d'une même coulée se soudent beaucoup plus facilement les unes aux autres que des morceaux de composition même peu différente.

Quant aux baguettes de verre, celles qui ne sont pas trop épaisses se laissent seules travailler commodément au chalumeau.

2. Essai du verre. — On éprouve de la manière suivante la bonne qualité des échantillons de verre d'après lesquels on veut se constituer une importante provision de tubes.

Caractères extérieurs. — Les tubes que l'on emploie au soufflage doivent être nets et transparents dans leur masse et, autant que possible, dépourvus de nœuds, de bulles d'air et de stries. Les petits canaux remplis d'air, notamment, sont souvent nuisibles; quand on chauffe le verre, ils se gonflent, et quand on fait le vide ils établissent souvent une communication invisible et extrêmement gênante entre l'intérieur et l'air extérieur. Ils doivent être parfaitement droits, cylindriques et partout d'égale épaisseur, c'est-à-dire avoir des parois régulières et une âme parfaitement cylindrique et à section circulaire. D'après leur mode de fabrication, il n'est pas possible d'avoir des tubes de diamètre absolument uniforme, notamment pour ceux de grande longueur, mais les écarts doivent être négligeables.

Tenue dans la flamme du chalumeau. — Tout d'abord, le verre ne doit pas se *dévitrifier* quand on le chauffe. Un grand nombre de verres, notamment le verre de soude fusible, acquièrent avec le temps la propriété très gênante de devenir ternes, opaques et rugueux quand on les chauffe. On désigne cette propriété sous le nom de *dévitrification*. Elle est causée par une modification de la structure du verre, qui d'amorphe devient cristalline. Plus un verre contient de silice, plus la dévitrification est facile. Un tel verre ne se soude que difficilement à un autre ; il faut absolument le rejeter, car tous les procédés que l'on a indiqués pour rendre utilisable un verre ayant une tendance à la dévitrification n'ont qu'une efficacité imparfaite.

Un bon verre doit rester longtemps pâteux dans la flamme du chalumeau, c'est-à-dire ne pas se ramollir trop vite ; il doit aussi rester longtemps plastique quand on l'a enlevé de la flamme.

De plus, les tubes de verre mince, qui ne sont pas trop larges, ne doivent pas se briser quand on les introduit rapidement dans la flamme. Par contre, il arrive souvent que des tubes plus épais et plus larges ne résistent pas à cette épreuve, même quand le verre est bon. Mais ils ne doivent pas se briser quand on les introduit graduellement dans la flamme après les avoir chauffés en les maintenant une minute environ dans l'air chaud en avant de la flamme.

Lorsqu'avec une bonne lime on a fait sur un tube un trait transversal délié, et qu'on touche le trait de lime avec l'extrémité très effilée et chauffée au rouge d'un morceau de tube du même verre, la fêlure doit se continuer suivant la section droite du tube, de sorte qu'en le frappant doucement sur une arête vive (un coin de table), il puisse se diviser en deux parties dont les extrémités aient une section bien plane. Si la cassure se continue irrégulièrement et montre en particulier une tendance à se propager suivant la longueur du tube, ce dernier a été mal refroidi et ne peut pas servir au soufflage.

Mais il faut bien prendre garde que la pointe de verre chaud dont on se sert soit très fine; car le bon verre lui-même donne fréquemment une cassure irrégulière quand on le touche avec une masse un peu grande de verre fondu.

Essai chimique. — L'Institut impérial allemand éprouve les verres de la manière suivante :

Le tube à éprouver est façonné en tube d'essai, puis rempli d'une solution éthérée d'éosine ou d'érythrosine (tétraiodofluorescéine $C^{20}H^8I^4O^5$; $0^{gr},1$ pour 100^{cc} d'éther saturé d'eau); on l'abandonne pendant vingt-quatre heures, puis on le vide et on le rince à l'éther. La solution jaunâtre laisse dans le mauvais verre un résidu rouge qui, dans le bon, disparaît par le rinçage. La couleur de l'éosine a été altérée par l'alcali dissous par l'eau à la surface du verre.

NOTE.

Il n'existe en France rien de semblable à la verrerie d'Iéna, et sauf dans des cas spéciaux (thermomètres de précision, indicateurs de niveau des chaudières) il est bien difficile de se procurer, même en s'adressant toujours à la même usine, des tubes de composition bien déterminée et constante.

Les tubes ordinaires du commerce sont en général de mauvaise qualité, irréguliers, et se dévitrifient rapidement quand on les maintient dans la flamme. Pour avoir de bons verres de soufflage, il faut les demander à un souffleur de verre, *en ayant soin d'insister sur l'usage auquel on les destine.*

Les verres dont il est question page 25, note (¹), présentent les caractères indiqués dans le texte. En voici un autre; lorsqu'on les laisse refroidir après les avoir amenés au rouge, ils prennent, quand l'incandescence cesse, une couleur jaune pâle tirant un peu sur le vert, tout en restant brillants; après refroidissement complet, ils sont de nouveau incolores.

On trouvera : 1° dans le *Moniteur scientifique* de Quesneville (4), VIII, 2ᵉ partie, page 539, une étude assez complète sur le verre et les relations qui existent entre sa composition et certaines de ses propriétés; 2° dans la *Revue générale des Sciences pures et appliquées,* tome VII, pages 68 et 135, d'intéressants détails sur l'industrie du verre. (P. L.)

PREMIÈRE SÉRIE D'EXERCICES.

LES TOURS DE MAIN LES PLUS SIMPLES DANS LE TRAVAIL DU VERRE.

Avant d'entreprendre un travail quelconque avec du verre, et après chaque opération au chalumeau, on a à exécuter certaines manipulations qui se répètent constamment, et qu'il faut tout d'abord apprendre à faire. Nous les décrirons en premier lieu, en y ajoutant une série de tours de main qui jouent un grand rôle, en général, dans le travail du verre.

1. Nettoyage d'un tube. — On nettoie les tubes avant d'en composer un appareil. Une méthode simple consiste à y faire passer une ou deux fois un bout de chiffon humide, ou, pour les tubes étroits, à pousser au travers du papier ou du coton un peu humide. Si l'on ne peut pas enlever ainsi les saletés, on fait passer dans les tubes quelques gouttes d'acide sulfurique tenant en dissolution un peu de dichromate de potassium. Dans chaque cas, il faut terminer en rinçant plusieurs fois le tube à l'eau distillée et en le séchant, ce qu'on fait en aspirant au travers de l'air sec et chauffant avec précaution. Dans ce but, on relie l'une des extrémités du tube à une trompe; on ferme l'autre par un tampon d'ouate un peu lâche afin d'arrêter la poussière. Il vaut toujours mieux aspirer l'air que l'insuffler, parce que dans cette dernière opération on entraîne toujours de la poussière.

Pour éviter de chauffer, on enlève l'eau du tube nettoyé en le lavant avec un peu d'alcool; on enlève au besoin l'alcool avec un peu d'éther, qui se vaporise aisément à une température plus basse. Dans bien des cas, il suffit de débarrasser le tube des poussières et de l'essuyer à sec. Dans ce but, on attache solidement à une longue ficelle un tampon d'ouate de faible grosseur; on fait passer la ficelle au travers du tube jusqu'à ce que son extrémité touche le sol. On la maintient alors en appuyant le pied dessus et l'on tire le tube vers le haut, de manière à y faire glisser le tampon. Ce dernier doit être assez gros pour ne passer dans le tube qu'avec difficulté. Si le passage de la ficelle à travers un tube un peu étroit et très long présentait des difficultés, on ferait d'abord passer une de ses extrémités dans un morceau de tube plus court, on ferait un nœud au bout et l'on ferait glisser la ficelle ainsi alourdie à travers le tube maintenu verticalement. Pour des tubes encore plus étroits (tels que les *tubes de sûreté* ordinaires), on doit se contenter d'y faire passer une ficelle avec un nœud. Enfin, pour les tubes capillaires, ceci même n'est pas possible; le mieux est d'empêcher de prime abord la poussière d'y pénétrer, en les tenant toujours debout et munis d'un capuchon de papier.

On enlève les résidus de mercure au moyen de l'acide azotique; il faut ensuite rincer soigneusement à l'eau et sécher. Si, pendant la dessiccation, les substances enlevées par l'eau au verre se précipitaient sous forme solide, il faudrait faire passer à travers le tube un tampon de cuir saupoudré d'un peu de craie, et essuyer ensuite avec un tampon d'ouate.

Enfin on essuie encore soigneusement la paroi extérieure des tubes.

2. Couper les tubes et les baguettes de verre. — Une opération préliminaire très importante dans tout travail avec le verre, consiste à couper des tubes ou des baguettes de verre de longueur convenable. Pour avoir une séparation nette des deux fragments suivant un plan perpendiculaire à l'axe d'un morceau de verre cylindrique, il faut toujours commencer par entailler la couche superficielle. On y parvient en faisant une incision avec le couteau à verre ou la lime triangulaire. Si l'on se sert d'une plaque d'acier, de la grandeur d'une carte de visite, aiguisée suivant une de ses arêtes, on la prend entre l'index et le petit doigt de la main droite, de manière que le bord coupant soit en haut, et l'on soutient au moyen du troisième et du quatrième doigt le bord inférieur obtus. On tient dans la main gauche le tube à couper, et on le place, à angle droit sur le tranchant du couteau, à l'endroit où l'on veut produire la séparation; on le presse, mais très peu, contre le tranchant avec le pouce de la main droite, et avec la gauche on fait tourner le tube jusqu'à ce que $\frac{1}{6}$ environ de son périmètre ait frotté contre le même point du tranchant. Quand un de ces points a mordu, il prolonge l'entaille. On opère d'une façon tout à fait semblable avec le couteau à manche ou la lime triangulaire. Dans tous les cas, il vaut mieux tenir à la main le tube et le couteau, que de poser le tube sur la table et de le faire tourner sur lui-même en appuyant le couteau, car on peut apprécier et régler beaucoup plus sûrement la pression. Avec les tubes minces, il ne faut appuyer que très peu. Dans aucun cas on ne doit, comme le font souvent les commençants, donner au couteau un mouvement de scie; le verre se coupe bien plus tôt lorsqu'on presse sur lui une arête tranchante, que lorsqu'on y promène, à la manière d'une scie, un très grand nombre des fines dentelures du tranchant. Si le couteau ne mord pas quand on roule le tube, c'est qu'il est émoussé, et il faut alors l'aiguiser de nouveau; en mouillant l'arête tranchante, on peut souvent faciliter un peu l'opération. L'entaille doit être profonde, mais ni large ni obtuse.

Pour faire l'entaille, on peut aussi se servir du diamant de vitrier; on le dispose sur un support, et l'on fait faire un tour entier au tube en l'appuyant contre lui. Il vaut encore mieux le fixer sur un manche de telle sorte qu'il soit perpendiculaire à sa direction, et l'introduire dans l'intérieur du tube.

On trouve chez C. Gerhardt, à Bonn, un instrument de ce genre, dont on peut recommander l'usage pour entailler des tubes épais notamment : une baguette, pourvue près de son extrémité d'un bon diamant de vitrier, peut glisser à l'intérieur d'un manche muni d'une garde d'épée. Suivant que le point où l'on veut couper le tube de verre est plus ou moins éloigné de l'extrémité, on pousse plus ou moins la baguette hors du manche, on la fixe au moyen d'une vis de pression, on introduit l'outil jusqu'à la garde dans le tube, et l'on fait avec le diamant un trait circulaire.

On peut couper du verre tendre au moyen d'une lime fine et acérée, en humectant la lime d'une solution de camphre dans l'essence de térébenthine.

Pour déterminer la séparation des morceaux de verre le long de l'entaille, on procède de différentes manières, selon les circonstances.

Rupture des tubes. — On n'emploie ce procédé que pour les tubes de sûreté et lorsque l'on a, de part et d'autre de l'entaille, assez de place pour pouvoir saisir commodément le tube avec les mains. Pour le rompre, il faut tirer des deux côtés en sens inverse, en inclinant quelque peu du côté de l'axe du tube. On tient le tube devant la poitrine, on lève les coudes pour les rendre libres, et l'on saisit le tube de manière à placer l'entaille en face de la poitrine. On pose les deux pouces à plat sur le tube, parallèlement à sa longueur, des deux côtés du trait de lime, et à un doigt de distance environ. En tirant modérément dans le sens de la longueur du tube, en même temps qu'on incline très légèrement vers l'extérieur, comme si l'on voulait ouvrir la déchirure, on peut facilement séparer les deux morceaux de tube à l'endroit où l'entaille a été faite. Qu'on évite absolument d'employer plus de force qu'il n'est nécessaire, et que l'on prenne bien garde qu'il faut toujours tirer plus fort qu'on n'incline (¹). Quand les tubes sont assez longs pour que l'on puisse saisir les deux moitiés à pleines mains, on arrive, avec quelque pratique, à un bon résultat par ce procédé simple, même avec des tubes de 2^{cm} ou 3^{cm} de diamètre, à condition que le verre n'en soit ni trop mince ni trop épais. Pour des tubes très larges et surtout pour les

---

(¹) Les commençants feront bien d'interposer quelques doubles de chiffon entre les doigts et le tube, pour éviter d'être blessés dans le cas où une pression trop forte ou un mouvement trop brusque viendraient à briser le tube. (P. L.)

tubes à paroi épaisse, un seul trait de lime suffit rarement; il faut entailler plus profondément et prolonger la déchirure en faisant la moitié du tour ou le tour complet du tube. Pour les tubes minces et larges, on place la lime sur la table, une arête en haut, et l'on donne, avec le tube saisi à ses deux extrémités, un choc rapide et sec contre l'arête de la lime, à l'endroit qui se trouve juste en face de l'entaille; le tube se rompt nettement. On peut employer un procédé analogue quand on veut couper au bout d'un tube des morceaux trop courts pour qu'on puisse les saisir. On presse fortement le tube de verre sur l'arête de la lime, et l'on donne, avec un morceau d'un fort tube de verre ou une clef, un coup rapide et sec contre l'extrémité à détacher.

Rupture des tubes par fêlure. — Le procédé très simple qui vient d'être indiqué ne peut être employé avec des tubes très larges, ou lorsque le tube à couper est d'un verre trop mince, ou quand les extrémités sont si courtes qu'on ne peut les saisir solidement. Dans ce cas, on opère par fêlure. Selon l'épaisseur de la paroi du tube ou du bâton de verre, et le diamètre intérieur des tubes, on agit de différentes manières.

α. Fêlure par action directe de la flamme. — Avec les tubes épais ou les tiges de verre dont le diamètre n'est pas trop grand, on fait tout autour, au point où l'on veut provoquer la séparation, une entaille profonde et nette, on dirige sur elle la flamme pointue la plus fine que l'on puisse obtenir avec le chalumeau, en tournant rapidement sur lui-même le tube ou le bâton. On souffle alors sur l'entaille, qui se continue rapidement dans l'intérieur.

Pour les tubes moins épais ou les tiges minces, il suffit d'une petite flamme de gaz. On se la procure de la manière la plus simple en adaptant au tube de caoutchouc un morceau de tube capillaire ou un chalumeau (à analyse) et allumant le gaz qui sort de l'étroite ouverture. Si l'on dirige contre l'entaille la pointe de la petite flamme presque invisible ainsi obtenue, il s'y forme une petite fêlure que l'on peut continuer en portant la pointe de la flamme en des points convenables.

β. Fêlure au moyen d'une goutte de verre chaud ou du charbon. — Pour les tubes à souffler ordinaires, on fait une fine entaille que l'on prolonge en touchant avec du verre chaud ou du charbon incandescent.

On fait une entaille avec le couteau à verre ou la lime, et on la touche avec l'extrémité d'un petit morceau de verre que l'on a étiré et dont on a chauffé la pointe jusqu'à fusion. La masse de verre chaud doit être petite, sans cela la rupture n'est pas plane, ou le verre se fend de divers côtés. Aussi doit-on toucher très légèrement au premier instant et presser la goutte de verre sur le tube en l'élargissant, à mesure qu'elle se refroidit, afin d'amener toujours contre la déchirure de nouvelles parties chaudes. Pour y arriver sûrement, on soutient la main qui guide le morceau de verre, en appuyant son quatrième doigt sur le tube que l'on doit maintenir solidement avec l'autre main. Si la fêlure n'a pas fait tout le tour du tube, on sépare doucement les deux parties, comme il a été dit plus haut. Si la fêlure est très petite eu égard au diamètre du tube, on chauffe de nouveau la goutte de verre qui a servi déjà, et on l'approche de l'une des extrémités de la fêlure, sans toutefois toucher le verre lui-même. Si l'on déplace le verre chaud dans la direction voulue et en avant de la fêlure, celle-ci suit. Au lieu du verre chaud, on emploie aussi des crayons de charbon à couper le verre ([1]); une fois allumé, le charbon continue à brûler, et l'on n'a pas besoin de le rapporter de temps en temps dans la flamme, comme le verre.

Pour couper au charbon, il est bon de dessiner préalablement, avec de l'encre ou un crayon à écrire sur le verre, la trace de la section. Veut-on

---

([1]) On le trouve dans le commerce sous le nom de *charbon de Gahn*, ou *de Berzélius*. (*Voir* p. 57). (P. L.)

couper le bord ou le fond d'un vase, on dispose le charbon sur un support de hauteur convenable et l'on fait faire au vase, placé sur la table, un tour entier contre le charbon. Le charbon doit brûler en conservant une pointe conique; on le fait lentement tourner autour de son axe, et l'on entretient l'incandescence en soufflant constamment. Il faut approcher le charbon aussi près que possible du verre, sans le toucher. Quand on n'en a plus besoin, on enfonce la pointe incandescente dans du sable sec.

γ. Rupture par un fil de verre chaud. — Un procédé employé fréquemment et avec beaucoup de virtuosité par les ouvriers qui font les manchons de verre, et qui se montre très pratique pour de grosses pièces, consiste à enrouler autour du tube un fil de verre chaud. On obtient le fil de verre en chauffant en son milieu un bout de tube jusqu'à ce qu'il se ramollisse, et l'étirant alors. On place sur le tube le fil encore chaud; il adhère fortement; on tourne ensuite le tube autour de son axe, et ce faisant on tire du fragment resté dans la flamme un fil qui s'enroule sur le morceau de tube qu'il faut couper. On enlève de suite le fil, puis on touche rapidement avec de l'eau ou du fer froid un point qui ait été sous le fil, une fêlure se produit instantanément tout le long de la zone qui a été chauffée par le fil.

δ. Rupture au moyen d'un crochet en fil de fer. — On coupe les tubes très larges et les flacons en les touchant avec un fil de fer chauffé au rouge, et que l'on a courbé à son extrémité en forme de crochet demi-circulaire de même diamètre que le morceau de verre à couper. On chauffe le fil et on le saisit solidement, de sorte que l'ouverture du crochet soit en haut; on y place le tube et on le fait tourner lentement dans le crochet; cet échauffement d'une mince zone tout autour du tube suffit, dans la plupart des cas, à le faire rompre à l'endroit chauffé. Si le tube est légèrement conique, on plie le fil en forme d'anneau, de diamètre égal à celui du tube au point où l'on veut le couper, et l'on amène l'anneau jusque-là en le passant d'abord autour de l'extrémité étroite. Si le simple contact avec le fer chaud ne suffit pas, on éloigne l'anneau, après avoir fait tourner plusieurs fois le tube contre lui, et l'on refroidit un point de la zone chauffée en le touchant rapidement avec un fer froid; dans bien des cas il suffit même de souffler avec la bouche.

ε. Rupture au moyen d'un fil enflammé. — On entoure le tube d'un fil un peu lâche imbibé de térébenthine, et l'on enflamme la térébenthine; si l'on refroidit brusquement un point de la zone chauffée, il se produit d'ordinaire, suivant cette zone, une fêlure que l'on peut, au besoin, prolonger de la manière indiquée plus haut, au moyen d'une goutte de verre chaud, ou du charbon, ou du crochet en fil de fer. Ce procédé se recommande pour des tubes très épais, comme aussi lorsque l'on veut couper le fond de bouteilles, des bocaux et des vases analogues.

ζ. Rupture entre deux coussinets de papier. — Dans du papier à filtrer ordinaire on découpe quelques bandes de $1^{cm},5$ de largeur, et on les humecte d'eau. On entaille le verre et on enroule, des deux côtés et tout près du trait de lime, deux coussinets faits de ces bandes de papier que l'on assujettit au besoin par une ficelle. Si l'on amène alors le point entaillé sur le brûleur de Bunsen ou en avant de la flamme pointue du chalumeau, une fêlure nette part du trait de lime et fait tout le tour du tube, se maintenant exactement au milieu des coussinets de papier. Ce procédé, pour les tubes larges et forts, conduit plus sûrement au but que les précédents.

η. Rupture au moyen d'un fil de platine rougi par un courant électrique. — Le procédé suivant est aussi très sûr. A l'endroit où le tube doit être coupé, on trace tout autour un trait de lime et l'on y pose une boucle de fil de platine, qui ne doit pas être complètement fermée. On porte le fil au rouge en joignant ses extrémités aux pôles d'une pile de six à huit Bunsen environ ou de trois ou quatre accumulateurs (¹).

3. Courber, dans la flamme fumeuse, les tubes de verre pas trop larges.

— En dehors de certains cas spéciaux qui seront traités plus loin, la flamme du chalumeau ne convient pas pour chauffer les tubes que l'on veut courber. Pour les tubes

---

(¹) Il est commode d'engager le fil de platine dans deux bouts de tube capillaire t, t' traversant obliquement un bouchon de liège L (*fig.* 12). Le tube à couper étant pris dans la boucle B il est facile, en tirant sur les bouts du fil, de le bien appliquer contre le trait de lime, tout en empêchant la boucle de se fer-

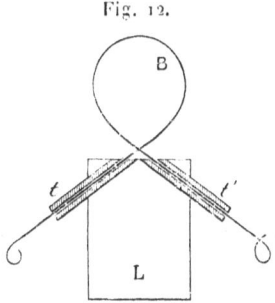

Fig. 12.

mer au point où les fils sortent des tubes t et t'. Il est bon que la boucle soit tout entière incandescente; l'intensité du courant à employer varie naturellement avec la longueur du fil, c'est-à-dire avec le diamètre du tube. On coupe aisément un verre à boire ordinaire (forme carrée) de 3^{mm} à 4^{mm} d'épaisseur, avec un fil de $0^{mm},5$ de diamètre environ et un courant de 5 à 6 ampères. La rupture ne se produit qu'au bout d'un certain temps. (P. L.)

de sûreté et les tubes à souffler de largeur modérée, l'usage du bec fendu est à recommander. On emploie, selon la grosseur des tubes, une flamme de 4^{cm} à 6^{cm} de largeur, mesurée de A en A (*fig.* 13).

Fig. 13.

Si la longueur sur laquelle on chauffe le tube n'est pas suffisante, il se forme un pli sur le côté concave de la courbure.

Pour chauffer le tube, on le tient par ses deux bouts, comme le montre la *fig.* 13, et on le fait tourner constamment sur lui-même dans la flamme, de manière qu'il se chauffe également dans toutes ses parties. S'il faut placer la courbure en un endroit déterminé, on marque au préalable cet endroit sur le tube avec de la craie, et l'on place la marque au milieu de la distance AA.

Dans le dessin, les mains sont placées sur le tube, la face dorsale vers le haut; on peut également, si c'est nécessaire, soutenir le tube en dessous, le dos de la main étant tourné vers le bas. Souvent même cette position est plus commode. Il est difficile de dire à laquelle on doit donner la préférence. Si l'on a à chauffer un morceau gros et lourd, la première est peut-être préférable. Dans un travail de longue durée, on change.

Quand le tube s'est ramolli, on le sort de la flamme et on le courbe jusqu'à ce qu'on l'ait amené à l'angle voulu. Le côté qui était exposé le dernier à la flamme est un peu plus chaud et, par conséquent, plus mou que le côté opposé. C'est de cette portion plus chaude qu'il faut faire la partie concave de la courbure.

C'est seulement après quelques essais que l'on arrive à bien apprécier le moment exact où le verre se laisse le mieux courber. S'il a été trop chauffé et, par conséquent, s'il est trop mou, les parois s'affaissent l'une sur l'autre. Si, en s'efforçant de rendre A (*fig.* 13) un peu plus chaud que B, on n'a pas suffisamment chauffé B, le tube risque de se rompre du côté convexe B quand on le courbe. Si le tube menace de s'affaisser, ce qu'on ne peut pas toujours éviter quand on courbe des tubes très minces, on souffle avec précaution, pendant l'opération, par un des bouts, l'autre étant fermé. Si un tube est déjà aplati, on peut le ramener dans une certaine mesure à sa forme naturelle, en approchant des plis une flamme à pointe très fine et très petite, et soufflant séparément chaque coude ; mais il n'est pas facile d'obtenir ainsi une forme convenable.

Quand on courbe un angle comme dans la *fig*. 14, il faut prendre garde que les côtés C et D et la

Fig. 14.

partie courbe B soient dans un même plan. Pour atteindre sûrement ce but, on tient le tube de façon que le plan de la courbure soit perpendiculaire au corps ; si l'on vise avec un œil, l'un des côtés doit cacher l'autre.

On conseille parfois, pour faire un angle très aigu, de se servir d'une flamme de chalumeau pas trop vive et pas trop pointue. On bouche une extré-

mité du tube, on chauffe un peu fort la région à
courber et l'on souffle dans le tube au moment où
on lui donne la forme convenable; le verre doit
avoir été ramolli fortement, et il est bon de tenir
le tube de telle façon que la courbure soit dirigée
verticalement vers le bas.

On facilite beaucoup l'opération en remplissant
d'abord le tube de sable sec et fermant les deux
bouts avec des bouchons. Le tube ne peut pas s'aplatir et donne des courbures d'aspect très agréable.

Quand la courbure s'est dessinée, on la laisse se
continuer sous l'action du poids d'une des parties,
que l'on se contente de guider avec la main.

Pour courber les larges tubes, pour faire des
tubes en U ou en spirale, opérations qui sont un
peu plus difficiles, voir plus bas, page 107.

4. **Flammes du chalumeau.** — Avant de passer
au travail du verre lui-même, il faut se familiariser
complètement avec la manœuvre des robinets de
gaz et d'air, et la réalisation des différentes flammes
que l'on peut obtenir avec le chalumeau. Comme
on a souvent, au cours du travail, à régler l'arrivée
de l'air ou du gaz, il faut de plus pouvoir réaliser
ce réglage rapidement et, pour peu que ce soit
possible, avec une seule main, ou si l'on a adopté
la disposition de la page 15, avec le pied. On ne
peut y arriver qu'en s'exerçant un peu. Pour ces
exercices préparatoires, on se guide sur la manière

dont se comportent, dans les différentes flammes, les espèces de verre dont on dispose. La manipulation du cristal, notamment, exige quelques essais préliminaires. Avant d'aborder le travail du verre proprement dit, il faut se renseigner sur ce que l'on doit exiger de chaque verre, et sur la manière de l'amener le plus sûrement et le plus rapidement dans l'état de plasticité où il devient propre au travail.

On ne peut donner là-dessus aucune règle générale, car tout dépend essentiellement de la construction du chalumeau.

Le succès pour les commençants dépend tellement de la connaissance du pouvoir calorifique de leur chalumeau et de la facilité avec laquelle ils peuvent mettre à profit toutes ses ressources, qu'il ne faut au début épargner aucune peine pour arriver à se rendre maître de son maniement. Il faut donc commencer par faire quelques exercices sur le réglage des flammes.

On distingue trois sortes de flammes.

Flamme pointue (dard). — Quand le robinet à gaz du chalumeau est disposé de manière à ne laisser passer que peu de gaz, et que la grande masse d'air admise l'est avec précaution, il se produit une longue flamme terminée en pointe fine (*fig.* 15). Cette flamme est appelée *dard*. Elle doit être complètement dépourvue d'éclat, et comme la masse d'air nécessaire à sa formation est grande en proportion de la masse de gaz correspondante, on trouve dans toutes ses parties, jusqu'à la pointe C, un excès d'oxygène. En choisissant convenablement le rapport d'admission de l'air et du gaz, on peut

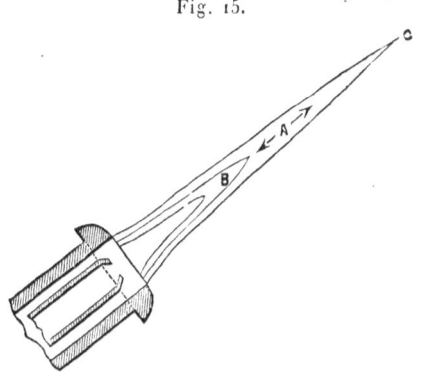

Fig. 15.

avec le même chalumeau obtenir des dards de différentes grosseurs. De plus, des flammes de même dimension se distinguent d'après la masse d'air qu'elles contiennent et, par suite, d'après la masse du gaz complètement brûlé, donc, d'après leur température, en flammes aiguës, moyennes et légères ([1]). On obtient les premières au moyen d'une forte admission d'air; étant très chaudes, elles ra-

---

([1]) On passe de la flamme aiguë aux autres variétés en diminuant l'admission d'air, *mais pas assez pour que la flamme devienne blanche*. (H. E.)

mollissent le verre très rapidement et complètement; elles se distinguent par leur sifflement des flammes de la seconde espèce qui, par leur moindre teneur en air et leur température plus basse, se recommandent quand il s'agit d'éviter un ramollissement trop rapide du verre. L'espace qui entoure la pointe C, riche en oxygène, est la partie oxydante de la flamme. Dans la région bleue, pauvre en oxygène, comprise entre la pointe C et la pointe du cône intérieur verdâtre B, la flamme est réductrice, ce à quoi il faut bien faire attention quand on a affaire à du cristal ou à un émail (par exemple dans la soudure des fils). Il ne faut placer ces matières que dans le bord extérieur de la flamme oxydante, dont la température est pleinement suffisante pour ramollir le verre. Dès qu'on les amène dans la région A de la partie bleue (*fig.* 15), où le gaz combustible est en excès et l'oxygène en défaut, l'oxyde de plomb du cristal est partiellement réduit, et fait sur le verre chaud une tache rouge qui devient noire à la surface en se refroidissant. Si la réduction n'est pas trop avancée, on peut détruire ses effets fâcheux en reportant de suite le verre dans la partie antérieure ou extérieure, oxydante, de la flamme. Le verre de soude ordinaire et le verre peu fusible à base de potasse se travaillent mieux dans la zone intérieure de réduction (bleue), parce que cette dernière contient, à sa pointe notamment, la partie la plus chaude de la flamme, et qu'avec ces espèces de verre il n'y a pas à craindre de réduction. La partie du dard que l'on emploie habituellement pour souffler le verre est la pointe ou, dans quelques cas, l'espace qui se trouve immédiatement au-dessus de la pointe.

Flamme en balai ou flamme soufflante. — Si l'on pousse en avant la douille extérieure du chalumeau, de manière à augmenter l'intervalle entre la pointe intérieure et la paroi du tube qui amène le gaz, si l'on admet un fort afflux de gaz et si l'on envoie dans la flamme un abondant courant d'air, on obtient, à la place de la flamme conique à combustion tranquille, une flamme sans éclat, agitée et de grande étendue. Sa forme est semblable à celle d'un gros pinceau ; on l'appelle *flamme en balai, grande flamme* ou, à cause du bruit qu'elle fait entendre, *flamme soufflante* (*fig*. 16). Le principal avantage d'un gros chalumeau consiste en ce qu'il permet d'obtenir une grosse flamme en balai, ce qui a souvent son prix. En diminuant simultanément l'accès du gaz et l'accès de l'air, on peut, par un réglage respectif convenable des deux courants gazeux, obtenir des flammes soufflantes plus petites et d'égale valeur pour le chauffage — comme avec le dard on peut obtenir des flammes aiguës et des flammes légères — c'est-à-dire des *grandes flammes* moins chaudes.

La veine gazeuse que laisse passer un chalumeau

ordinaire par la pointe à orifice étroit du tube à air qui convient pour la production du dard, est souvent trop mince, de sorte que même avec un bon et puissant soufflet on ne peut avoir de flamme en balai à excès d'oxygène. On place alors sur le tuyau

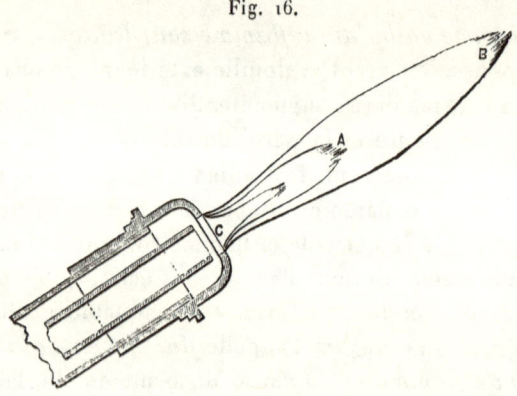

Fig. 16.

à air un ajutage plus largement percé, ou bien l'on supprime tout ajutage. Pour avoir de bons résultats dans ce cas, il est bon que le diamètre intérieur du tube central soit à peu près la moitié de celui du tube extérieur.

On doit manœuvrer la soufflerie de manière qu'elle donne un courant d'air puissant et tout à fait régulier, et régler l'arrivée du gaz de telle sorte qu'il n'y ait nulle part dans la flamme des stries lumineuses, indices d'une combustion incomplète. D'autre part, il faut se garder d'abaisser la température de la flamme par une insufflation d'air trop énergique.

La zone réductrice de la flamme commence ici en A (*fig*. 16) et se prolonge jusqu'auprès de la pointe B; c'est en B même et à côté que la flamme est oxydante, ce dont on peut se convaincre en examinant la manière dont se comporte, par exemple, un morceau de cristal dans les différentes régions. Dans la partie interne de la flamme, la présence d'une certaine quantité d'air encore inutilisé abaisse un peu la température; en A ou tout près de A, là où la combustion est presque complète et où cependant il n'y a pas d'excès d'air, la température atteint sa valeur la plus élevée.

Flamme fumeuse. — Si on laisse affluer le gaz tout à fait librement et si l'on n'emploie qu'un courant d'air juste suffisant pour donner au jet de gaz en combustion une direction oblique, on obtient une flamme fumeuse, éclairante, qui est employée principalement pour réchauffer et pour refroidir.

Quelques modèles de chalumeau donnent encore, en dehors des trois espèces de flammes décrites, une flamme pâle et à température relativement peu élevée, qui ressemble un peu à celle d'un brûleur de Bunsen ordinaire. Comme on peut parfaitement l'obtenir avec ce brûleur, il est inutile de la demander au chalumeau lui-même.

5. Chauffage du verre. — Tout verre se brise quand on l'amène brusquement dans la flamme. Il faut dans tous les cas le maintenir quelques instants en avant de la flamme, le tourner constamment et le déplacer légèrement de côté et d'autre dans l'air chaud, afin qu'il soit chauffé sur une surface notable. Quand il est ainsi devenu un peu chaud, on l'approche graduellement de la flamme et enfin on le met en contact avec elle, en continuant toujours à le tourner et à le mouvoir, de manière qu'une plus grande partie du tube prenne part à l'échauffement [1]. Toutefois, dès que le verre est dans la flamme, on ne laisse agir la chaleur que sur les points que l'on veut ramollir. Dans cette opération préparatoire, il faut bien prendre garde que le verre, et spécialement le verre facilement fusible, ne soit pas, par l'échauffement préliminaire, amené au point de ramollissement sur une trop grande étendue. Lorsqu'on veut relier de grosses pièces ou en façonner très près les unes des autres, il faut maintenir de même très chaudes, ou du moins chaudes, toutes les parties voisines de celle qui est momentanément chauffée, parce que sans cette précaution les parties inégalement échauffées se séparent par rupture pendant le refroidissement. On y parvient en

---

[1] On peut encore chauffer d'abord dans une flamme fumeuse dont on élève graduellement la température en laissant arriver l'air peu à peu : il est clair que ceci ne peut s'appliquer au cristal, qui serait réduit. (P. L.)

interrompant le travail pendant de courts intervalles et réchauffant un peu les parties plus froides du tube.

En chauffant du verre, il vaut mieux se laisser guider par le tact que par ce que l'on voit sur le verre. On ne peut acquérir ce tact qu'en s'exerçant. Presque toujours on peut observer que les commençants chauffent le verre plus qu'il n'est nécessaire, et que de plus ils emploient des flammes plus grandes et plus chaudes que ne l'exige le but qu'ils se proposent. Le verre se ramollit trop alors, et est en grande partie fondu; il s'affaisse, et un opérateur exercé peut seul le ramener à la forme convenable. Dans tous les cas où l'on a à souffler du verre fusible, il faut essayer de le souffler à basse température avant de passer aux températures élevées.

Il faut encore se souvenir que le verre qui doit être seulement courbé a besoin d'être beaucoup moins chauffé que le verre qu'on veut souffler. Il faut enfin éviter de chauffer trop souvent le verre au même endroit; il devient mauvais et inutilisable.

6. **Refroidissement du verre chaud.** — Un appareil fait d'un verre très mince et homogène se refroidit avec une absolue régularité quand, après l'avoir chauffé, on l'éloigne de la flamme; il peut donc être souvent réchauffé et refroidi sans pré-

cautions particulières. Mais si le verre est épais et d'épaisseur inégale en différents endroits, les parties les plus minces se refroidissent plus vite que les plus épaisses; cela donne naissance à des tensions et il se produit des ruptures soit tout à fait spontanément, soit à la suite de quelque brusque secousse. Il est donc nécessaire de faire refroidir le verre chaud aussi régulièrement que possible. D'habitude, on peut se contenter de maintenir le verre dans une flamme fumeuse assez longtemps pour qu'il se recouvre entièrement de noir de fumée; on l'assujettit alors solidement sur la table de travail, de sorte que les parties chaudes ne reposent nulle part sur elle, et l'on abandonne l'appareil à lui-même. Si les deux parties soudées ensemble ne sont pas du même verre et si elles risquent de se séparer de nouveau pendant ou après le refroidissement, il faut employer pour les refroidir des procédés particuliers (si l'on n'a pas pris la précaution de faire la soudure au moyen du *verre d'urane* décrit p. 24). On recommande d'envelopper l'appareil chaud dans de la ouate, où il restera empaqueté jusqu'à son complet refroidissement. Le verre doit être enveloppé immédiatement après qu'il a reçu sa forme définitive, aussitôt qu'il a cessé d'être assez mou pour céder à une légère pression, et que sa température est descendue au-dessous du point d'inflammation du coton. L'enduit noir charbonneux qui se forme sur le verre ainsi refroidi peut être enlevé par un lavage à l'alcool méthylique, ou, s'il adhère trop fortement, par frottement avec de l'émeri imprégné d'alcool.

On obtient aussi un refroidissement très lent et très régulier dans du sable chaud et sec. Le procédé le plus simple et qui suffit dans la plupart des cas, est de régler le courant d'air de manière à abaisser graduellement et lentement la température de la flamme chaude avec laquelle on a soufflé, ce que l'on apprend bientôt à faire en s'y exerçant un peu.

NOTE.

Voici comment, d'après JUNGFLEISCH (*Manipulations de Chimie*), on peut préparer un charbon à couper le verre. On laisse 16^{gr} de gomme adragante se changer en un mucilage épais par contact avec une quantité d'eau suffisante; on ajoute 20^{gr} de benjoin dissous dans le moins possible d'alcool, et l'on mélange le tout avec du charbon de bois en poudre fine, de manière à obtenir une pâte consistante et homogène. On façonne en baguettes, et on laisse sécher à l'air. (P. L.)

DEUXIÈME SÉRIE D'EXERCICES.

EXERCICES AVEC UNE SEULE MAIN.

Avant de passer aux exercices qui exigent l'emploi simultané des deux mains, nous allons d'abord en indiquer quelques-uns que l'on exécute avec une seule main; l'autre main reste alors complètement libre pour le réglage de la flamme et le maniement des outils. Ces exercices conduiront tout d'abord à une tenue des mains calme et sûre. La plus grande difficulté que rencontre un commençant dans le soufflage du verre réside habituellemet en ceci, que l'objet à façonner doit être le plus souvent tourné sans interruption dans la flamme. Dans ce but, les deux bouts doivent être mus tout à fait également, de façon qu'il ne puisse se produire ni une torsion de l'une des extrémités, ni une traction ou une pression entre les deux parties qui se trouvent en face l'une de l'autre. Comme elles sont séparées par du verre ramolli, l'une des mains ne peut soutenir l'autre dans ce mouvement; chacune d'elles doit donc imprimer d'une manière tout à fait indépendante une rotation rigoureusement uniforme.

Pour acquérir la pratique nécessaire, on fera d'abord quelques exercices préliminaires avec de petits objets cylindriques, tels que deux crayons, avec lesquels on essayera la manière la plus commode de tenir les mains. On a donné beaucoup de règles pour fixer la meilleure tenue; elles diffèrent beaucoup les unes des autres. Je crois qu'on ne peut pas donner à ce sujet une prescription absolument générale, et je considère comme la meilleure la tenue qui permet à l'apprenti de diriger le plus commodément son morceau de verre. Pour les exercices suivants, ce que je trouve le plus simple, est de prendre par en haut le morceau de tube qu'il faut tourner, avec le petit doigt courbé en forme de gouttière annulaire, dans laquelle tournera le tube; on soutient le tube en bas par le troisième et le quatrième doigt, et on le fait tourner avec l'index et le pouce. Cette règle donne pour les deux mains une tenue commode. Pour s'y exercer, on coupera d'abord des fragments de tube étroits, puis de plus en plus larges, de 15^{cm} à 20^{cm} de longueur, et avec eux on répétera les exercices suivants, avec les deux mains alternativement.

1. Arrondir les extrémités des tubes. — Quand on a coupé un morceau de tube, il reste un bord tranchant qui risque d'endommager non seulement les mains, mais aussi les bouchons ou les tubes de caoutchouc qu'on pourrait avoir à y adapter. On évite jusqu'à un certain point cet inconvénient en adoucissant le bord avec le couteau à verre ou une lime fine (imbibée d'une solution de camphre dans la térébenthine). On peut ainsi enlever au moins les parties tranchantes qui seraient dangereuses, spécialement quand on soufflerait dans le tube, quoiqu'on risque d'émietter ainsi trop de verre. Il vaut bien mieux arrondir le bout du tube dans la flamme. On y parvient en chauffant l'extrémité du morceau de verre dans la flamme, ou mieux en avant de la flamme, et tournant constamment, jusqu'à ce qu'il commence juste à se ramollir. On reconnaît ce point à la couleur jaune que communique à la flamme le verre de soude prêt à fondre. Il faut éviter dans cette opération de chauffer trop de verre; la flamme doit simplement lécher la surface même de la section, et c'est d'après cela qu'on doit régler la grandeur de la flamme à employer. Quand le verre n'est ni trop dur ni trop épais, la flamme du brûleur de Bunsen suffit à l'arrondir. Le verre ramolli se contracte en vertu de sa tension superficielle, les arêtes aiguës disparaissent et font place à des contours arrondis.

Tous les bouts de tube, dans les appareils en verre, devraient être rodés avant de quitter la table du souffleur.

2. Border les bouts des tubes (bords en saillie).

— Quand l'extrémité d'un tube doit être fermée par un bouchon, il est souvent à propos de renforcer le bord du tube, pour le rendre capable de supporter une pression plus forte, ou de l'évaser en forme d'entonnoir, afin d'élargir la surface de contact avec le bouchon. On atteint ce dernier résultat en courbant le bord.

Épaissir le bord. — Si l'on pousse l'échauffement du bord plus loin que dans l'exercice précédent, le bord s'arrondit plus fortement, une plus grande quantité de verre se rassemble à l'orifice ramolli et le bord se contracte graduellement, de telle sorte que l'ouverture du tube se rétrécit. Pour avoir un bord d'épaisseur uniforme, il est indispensable, notamment avec les tubes larges, de tourner constamment et régulièrement le tube. Un bouchon peut être très solidement enfoncé dans un bord ainsi épaissi.

Courber le bord en dehors. — On chauffe le bout du tube jusqu'au ramollissement en le tournant sans cesse, puis on l'éloigne de la flamme et l'on introduit dans l'orifice un charbon taillé en pointe, une des petites palettes de laiton ou l'un des instruments représentés par les *fig.* 10 et 11. Au moyen d'une rotation régulière du tube et d'une légère pression contre l'appareil à évaser, le bord se courbe. La palette de tôle ou de cuivre doit être tenue de façon que son plan soit parallèle à l'axe du tube; le verre ne doit être en contact qu'avec les deux arêtes qui se rejoignent à la pointe. Les outils (*fig.* 10 et 11) doivent avoir leur axe parallèle à celui du tube. Il est essentiel de chauffer également toutes les parties du bord que l'on veut courber; il faut cependant veiller à ce que le bord seul se ramollisse, et non une trop grande longueur du tube; de plus, il ne faut pas, notamment pour les tubes minces, que le verre soit trop ramolli. On ne peut pas courber complètement le bord en une fois : il faut réchauffer de temps en temps et répéter l'opération. Les bords que l'on voit sur les éprouvettes sont obtenus en pressant le bord ramolli du tube contre une tige de fer arrondie. La tige s'appuie sur le tube au-dessous du bord, sous un petit angle; en tournant la tige ou le tube et pressant doucement, on courbe le bord.

Toutes les pièces de métal que l'on veut mettre en contact avec du verre chaud doivent être recouvertes d'une mince couche de cire ou de suif, sans quoi ils adhèrent fortement au verre.

3. Fermer une extrémité d'un tube étroit. — Quand on chauffe fortement l'extrémité d'un tube étroit en tournant constamment, les bords se rapprochent peu à peu et finissent par fermer le tube dont l'extrémité prend une forme hémisphérique.

On ne peut recommander cette fusion avec épaississement que pour les tubes étroits, par exemple les tubes capillaires, ou pour les tubes à parois très minces, parce qu'avec des tubes plus larges, la masse de verre rassemblée est trop grosse, et qu'on ne peut l'empêcher de se briser qu'en la refroidissant avec beaucoup de précautions. On verra plus loin (p. 74) comment on munit un tube large d'un fond hémisphérique ayant même épaisseur que la paroi.

Si le fond doit être plat, on l'appuie légèrement, quand il est encore ramolli, sur une plaque de fer horizontale, et on le refroidit dans la flamme fumeuse.

De pareils bouts de tube, fermés à une extrémité et dont les bords doivent être, en plus, arrondis à l'autre, peuvent très bien être employés pour fermer les tubes de caoutchouc, ou comme capuchons pour les tubes de verre, lorsqu'on les munit d'un bout de tuyau de caoutchouc.

EXERCICE : *Construction de petits seaux en verre*. — Dans diverses expériences de Chimie physique, par exemple dans la détermination des poids moléculaires par la méthode de Meyer, au moyen des densités de vapeur, ou par la méthode cryoscopique de Raoult, on emploie avec avantage, pour peser les substances, de petits seaux en verre que l'on prépare comme il suit : on coupe en morceaux de 4^{cm} à 5^{cm} de long, et comme il est dit page 35, un tube de verre pas trop étroit et très mince (5^{mm} à 6^{mm} de diamètre et $0^{mm},2$ à $0^{mm},3$ d'épaisseur de paroi sont les dimensions les plus convenables). Au moyen d'un dard acéré et très chaud, on chauffe chaque morceau tout au bord de l'un des bouts, jusqu'à ce que ce bord s'affaisse et qu'enfin le bout se ferme complètement; en tournant continuellement, on fait en sorte que le fond prenne une forme exactement hémisphérique, et reste aussi mince que possible. Au moment même où l'ouverture vient de se fermer, on souffle vivement et fortement par l'extrémité ouverte du petit tube. En entaillant la surface et touchant avec une goutte de verre chaud, on sépare, comme il est dit page 38, un petit seau de la longueur voulue.

4. Souffler une sphère au bout d'un tube de sûreté ou d'un tube capillaire. — On chauffe l'extrémité du tube, jusqu'à ce qu'elle se ferme; on souffle ensuite un peu, on réchauffe de manière à rassembler au bout une plus grande masse de verre ramolli, on souffle dans le tube et l'on continue en tournant constamment, jusqu'à ce que l'on ait obtenu une sphère de la grandeur voulue. Nous rencontrons ici, pour la première fois, la combinaison si importante dans le soufflage du verre, du travail des mains et du travail de la bouche, et nous en profitons pour faire dès maintenant des remarques générales dont il faut prendre note, notamment pour les exercices suivants.

1° Les forces en jeu dans le soufflage du verre sont d'abord la force de cohésion du verre ramolli et semi-fluide, qui, en tant que *tension superficielle,* tend à diminuer la surface libre du verre. Si donc on chauffe jusqu'à la ramollir une sphère soufflée au bout d'un tube, elle se contracte comme une bulle de savon. En second lieu, le souffleur oppose à cette action de la tension superficielle, autant que l'exige le but qu'il se propose, la pression de l'air qu'il insuffle dans l'appareil; dans l'exemple cité, nous *soufflons* la sphère. A ces actions se joint en troisième lieu le poids de la masse de verre ramollie. Pour obtenir, en vertu de ces actions, des formes parfaitement symétriques autour de l'axe de l'appareil, il est nécessaire de faire tourner constamment et régulièrement la pièce que l'on travaille. Si, par mégarde, une dissymétrie s'est produite, une inclinaison d'un côté est aisément corrigée, en utilisant la pesanteur et tournant de l'autre côté.

2° Il est rarement utile, en dehors de quelques cas spéciaux qui seront indiqués plus loin, de souffler du verre quand il est encore dans la flamme. Aussi éloigne-t-on toujours l'appareil de la flamme, avant de souffler dedans.

3° Quand on souffle une pièce de verre quelconque, on souffle d'abord lentement et l'on augmente la pression dans la masse lorsque le verre devient plus ferme et cesse de céder à la pression de l'air. Il vaut mieux insuffler l'air par petits coups successifs, que d'envoyer un courant continu.

Exercice : *Faire de petits vases à conserver les préparations.* — On coupe sur un tube de sûreté de 8^{mm} de large environ et à parois pas trop épaisses, des fragments de 10^{cm} à 12^{cm} de longueur, on souffle au-dessous des sphères de $1^{cm},5$ à 2^{cm} de diamètre, et l'on arrondit l'autre extrémité. Il vaut mieux conserver les préparations dans ces sphères que dans une bouteille ordinaire, parce que la paroi de la sphère, d'épaisseur uniforme partout, permet de les examiner dans toutes les directions.

Exercice : *Soufflage des réservoirs de thermomètres.* — On ferme un tube capillaire à parois épaisses (précautions pendant la chauffe!) et l'on souffle progressivement jusqu'à ce que l'on ait une sphère de 1^{cm} de diamètre environ. Pour que l'haleine n'introduise pas, dans le tube capillaire, de l'humidité qu'il serait très difficile d'enlever, on souffle par l'intermédiaire d'une poire en caoutchouc ou d'une vessie de caoutchouc, comme on les emploie souvent dans les pulvérisateurs. Le tube est relié par un tuyau de caoutchouc à l'orifice de la vessie, que l'on tient dans une main. Par une pression modérée, on peut alors envoyer une quantité d'air suffisante dans le tube fermé à l'autre bout.

5. Préparer de très petits entonnoirs sphériques. — Sur un court morceau de tube de sûreté on souffle une sphère. On chauffe alors de nouveau la calotte supérieure de la sphère. Elle s'affaisse; si l'on tourne convenablement en maintenant la sphère seulement au bord extrême de la flamme, le bord de la partie affaissée devient exactement parallèle à l'équateur. On souffle alors fortement. Il se forme une grosse bulle de verre très mince, dans laquelle chatoient les couleurs d'interférence de Newton (lames minces). On frappe alors légèrement sur la paroi en verre soufflé avec un morceau de tube de verre propre, de manière à ne laisser qu'un bord mince. On fond enfin ce dernier en tournant constamment dans une flamme très petite, pour former un bourrelet régulier. On peut encore renfler et courber un peu ce bourrelet.

6. Ouvrir les tubes. — On a souvent besoin de percer une ouverture grande ou petite en un point quelconque d'un tube. Supposons que l'on veuille avoir une petite ouverture à l'extrémité a d'un tube fermé, pas trop étroit A (*fig*. 17), comme un tube d'essai. Après avoir commencé par chauffer un peu tout le fond du tube, on dirige un dard effilé au point a, et l'on chauffe jusqu'au ramollissement la quantité de verre qui correspond à la grandeur de l'ouverture désirée. On souffle alors dans le tube, et l'on donne au verre ramolli la forme bombée a (B). On réchauffe alors a et l'on souffle avec précaution, de manière à lui donner la forme d'une petite sphère (C); on coupe la sphère en deux et l'on abat le bord tranchant de l'ouverture qui s'est

Fig. 17.

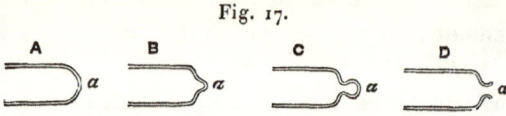

formée, en tournant dans la flamme l'extrémité du tube jusqu'à ce que l'ouverture ait pris la forme D. Au lieu de couper la sphère a (C), on peut l'ouvrir en présentant sa paroi antérieure a au dard, et soufflant fortement; le verre de cette moitié devient alors très mince et éclate de lui-même; le verre mince peut être facilement enlevé sans que l'on ait à craindre la rupture des parties plus fortes. Pour que les bords de a deviennent suffisamment forts, il est nécessaire que l'épaisseur des parois du fond de A ne soit pas trop petite.

On perce de la même manière des ouvertures aux parois des tubes ou dans des sphères, et généralement en presque tous les points des appareils. Il faut toujours prendre garde de ne ramollir qu'une portion de la surface aussi petite que possible, correspondant juste au but que l'on se propose, sous peine de déterminer une excroissance sphérique trop grosse, et par suite une ouverture inévitablement trop grande. Aussi est-il plus avantageux, au lieu de diriger le dard sur la surface du verre, de présenter le verre de côté à un dard nettement limité qui le touche presque, et d'amener ainsi en fusion un seul point, ce qui est toujours possible avec une surface fortement courbée. En soufflant vivement au moment où l'on vient de retirer l'objet du feu, réchauffant la petite ampoule formée et répétant ces manipulations, on peut obtenir des ouvertures aussi petites qu'on le veut. Si un tube doit être adapté à l'ouverture (*voir* p. 98 et suiv.), le mieux est de l'ajouter avant que le verre se soit de nouveau refroidi.

7. **Souffler un tube court sur un vase large**. — On chauffe au rouge blanc le bout d'une baguette de verre épaisse et massive (que l'on a fraîchement coupée), en même temps qu'on chauffe un peu, dans la partie antérieure de la flamme, le vase sur lequel on veut placer le tube. Sans enlever la baguette de la flamme, on réalise un dard effilé, on chauffe le point du vase qui doit recevoir le tube, et l'on y applique l'extrémité chaude de la baguette de verre. Celle-ci adhère aussitôt; on sort de la flamme et l'on souffle fortement dans l'espace fermé, de façon à refouler la paroi de verre en dehors, et dans le verre mou de la baguette. Si la

baguette est très chaude et si l'on souffle fortement, il se forme un creux profond, conique, presque semblable à un tube. On coupe, pendant que le tout est encore chaud, la baguette de verre à l'endroit où elle est creusée, on chauffe le bord qui est resté épais, en dirigeant directement la flamme sur l'ouverture, et on l'élargit encore un peu avec une tige de fer (qui doit être pourvue d'un manche en bois).

TROISIÈME SÉRIE D'EXERCICES.

TRAVAUX SIMPLES AVEC LES DEUX MAINS.

Nous arrivons maintenant aux exercices dans lesquels les deux mains sont occupées à la fois, et où toutes les deux doivent tourner régulièrement dans la flamme le tube de verre à travailler. L'une d'elles ne doit plus soutenir l'autre à partir du moment où la partie comprise entre elles commence à se ramollir; chaque main doit dès lors travailler d'une manière tout à fait indépendante, et cependant en parfait accord avec l'autre, et c'est ici que commencent d'ordinaire les difficultés pour les débutants.

En exécutant les exercices qui suivent (1 à 3), qui doivent être considérés comme des exercices préparatoires appropriés, on essaiera la position des mains la plus commode; il ne faut pas aller plus loin avant d'avoir acquis la sûreté nécessaire; tout ce qui suit sera alors devenu facile.

1. Contraction des tubes. — Il s'agit d'abord, en général, de chauffer régulièrement un tube sur tout son pourtour, en un point déterminé, et de tourner bien uniformément dans la flamme un tube dont une partie est ramollie. Pendant cette opération, le verre se contracte au point ramolli. Souvent on se propose de produire un étranglement dans un tube ou de le fermer complètement. Nous exécutons ces opérations aussi souvent que possible sans traction et sans pression, comme un utile exercice, et cela d'abord avec des tubes étroits, puis avec des tubes de plus en plus larges, et pas trop courts. Sous l'action des forces de cohésion, nous devons obtenir pour le verre ramolli la forme que montre la *fig.* 19 A. Si l'on chauffe plus longtemps, une plus grande quantité de verre se rassemble, et la lumière du tube se ferme complètement. Avant tout, il faut qu'aucune torsion ne se produise dans la partie ramollie.

Celui qui peut mener à bien cette opération avec des tubes à souffler larges et difficilement maniables a fait un grand pas en avant.

2. Étirer un tube. — Pour étrangler un tube, ou pour faire d'un tube large un tube plus étroit, on l'étire. On chauffe régulièrement un morceau de tube, comme dans 1, on laisse la partie ramollie s'épaissir par l'agglomération du verre fondu; on le sort alors de la flamme et l'on tire (seulement alors) *en tournant constamment les deux mains* (!), jusqu'à ce qu'on ait atteint le but visé. On tourne jusqu'à ce que le tube soit refroidi. Si l'on a peu tiré, on obtient la forme (*fig*. 19 B); en tirant plus fort, on obtient un tube à parois minces, très étroit. Si l'on veut étirer le tube en pointe, on coupe en B; le mieux est de couper de suite après avoir étiré. On fait une fine entaille avec le couteau à verre sur la partie étirée encore chaude, on saisit les deux bouts, on les plie doucement du côté opposé à l'entaille, on souffle sur l'entaille, et, au besoin, on frappe avec précaution la partie qui lui fait face sur le coin de la table. La partie étirée se brise alors avec section nette. On arrondit ensuite les bords de la cassure.

Cet exercice se représente dans presque toutes les opérations du soufflage. Avant de pouvoir utiliser un tube de verre pour un travail quelconque où l'on a à souffler dedans, on en rétrécit une extrémité, afin de pouvoir facilement la tenir entre les lèvres; les bords doivent toujours être arrondis.

EXERCICE : *Préparer des tubes à combustion*. — Les tubes à combustion et à fusion sont faits en verre de potasse très peu fusible (verre de Bohême). On les étire à un bout d'une manière toute semblable à celle qui vient d'être décrite pour le verre de soude facilement fusible, mais l'opération demande, au chalumeau ordinaire, plus de temps, de patience et d'immobilité. La manipulation du verre dur difficilement fusible est beaucoup facilitée lorsqu'on envoie de l'oxygène dans la flamme du gaz au lieu d'air. Un tube bien étiré a, après avoir été coupé, la forme de la *fig*. 18.

Pour que le tube se ferme sûrement à l'extrémité a de la partie effilée quand on le fond, on chauffe un peu le tube entier s'il n'est pas encore chaud de lui-même, et on le laisse refroidir pendant

Fig. 18.

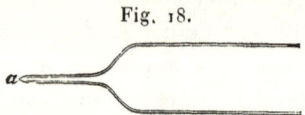

la fusion. L'air intérieur se contracte, sa pression diminue, et l'excès de pression de l'atmosphère extérieure rassemble à l'extrémité a, lorsqu'on la chauffe pendant tout le temps dans le dard du chalumeau, une masse tout à fait compacte.

Quand on veut, à la fin d'une expérience, recueillir un gaz qui, à la suite de transformations chimiques, s'est formé dans un pareil tube placé dans un fourneau, on fait un peu plus longue la partie étirée, et on la courbe à la manière d'un tube abducteur. On peut alors casser la pointe, dans la cuve pneumatique, sous une éprouvette remplie d'un liquide convenable.

3. **Fermer à un bout un tube large.** — Pour fermer un tube à un bout (*fig*. 19), on donne à la flamme une dimension telle qu'elle chauffe une zone

dont la largeur soit à peu près égale au diamètre du tube (*fig*. 19 A). Quand le verre commence à s'épaissir, on tire avec précaution sur les deux extrémités (en tournant constamment), pas assez fort pour que le verre ramolli s'étire sur une grande longueur, mais seulement autant qu'il le faut pour que le verre se resserre comme l'indique la *fig*. A, sans que la paroi devienne plus épaisse. Quand on a produit un étranglement parfaitement symétrique du tube en A, on chauffe au moyen du dard la partie intérieure la plus étroite jusqu'à ce qu'elle s'affaisse; on écarte alors rapidement les deux bouts, et l'on fond de suite le fil de verre que l'on a étiré. L'extrémité fermée de cette manière doit alors avoir une forme telle que D. Si l'étranglement (A) n'est pas suffisant, ou si le verre n'est pas assez chaud au moment où l'on tire, on n'a pas une fermeture aussi courte que D, mais le verre s'étire en longueur, à peu près comme en B, ce qui diminue beaucoup son épaisseur. Dans ce cas, on dirige la flamme vers b et l'on répète l'opération précédente : on laisse le verre se réunir comme en c (*fig*. 19 C), en faisant attention que l'épaisseur de la paroi n'augmente ni ne diminue, et l'on ferme graduellement et complètement; au moment où le tube se ferme, on sépare de c l'excès de verre (c étant encore maintenu dans la flamme).

Le fond du tube n'est pas terminé, car une masse importante de verre formant goutte adhère encore à l'extrémité; il faut d'abord la diminuer un peu. Dans ce but, on chauffe au rouge la goutte de verre *d* et on la touche avec l'extrémité un peu effi-

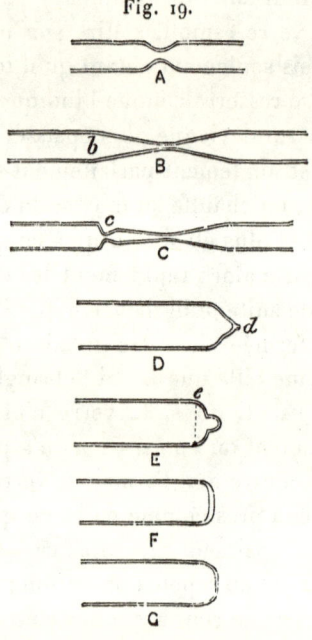

Fig. 19.

lée d'un petit tube de verre froid; le verre ramolli y adhère; on tire et l'on enlève ainsi la plus grande partie de la goutte; il ne doit rester qu'une très petite masse de verre. Pour réussir, on ne doit chauffer que la goutte qu'il faut enlever, et aussi peu que possible les parties qui l'entourent, car sans cela elle s'accroîtrait à leurs dépens. On fond le fil de verre (¹).

Si l'on a ainsi donné au bout du tube la forme D et si d est petit, on répartit sur l'extrémité tout entière ce qui reste de la petite goutte de verre, en chauffant jusqu'au ramollissement d et ses environs immédiats, et soufflant lentement (!); on obtient ainsi la forme E. L'extrémité tout entière, à partir de la ligne ponctuée e, est alors chauffée avec une flamme un peu plus grande (mais, surtout pour les tubes minces, pas trop aiguë), en même temps qu'on tourne constamment et aussi uniformément que possible. Si cette opération est adroitement faite, le verre se contracte (*fig.* 19 F); il faut alors donner à l'extrémité la forme G en soufflant avec précaution. On obtient ainsi un fond hémisphérique, dont l'épaisseur de paroi est la même que celle du tube, comme dans les tubes d'essai ordinaires.

Si l'on désire un fond plat, on laisse au tube la forme F; si l'on veut que le fond soit mince, on souffle d'abord et l'on aplanit le fond en pressant sur une plaque de fer; ici, comme dans tous les cas où le verre chaud est mis en contact avec des corps

---

(¹) On doit éviter autant que possible la formation de trop longs fils de verre fins. Si l'on ne peut l'éviter, il faut, comme dans le cas présent, les jeter de suite dans la caisse aux déchets, car ils se rompent et piquent légèrement les doigts de l'opérateur. (H. E.)

froids, il faut encore une fois chauffer légèrement après le contact.

Si l'on veut un fond concave, il suffit d'aspirer avec précaution l'air du tube, avant que l'extrémité qui se contracte soit solidifiée.

Quand on étire ou quand on ferme un tube à une extrémité, on peut économiser de la matière en soudant au tube A (*fig*. 20) un tube auxiliaire de

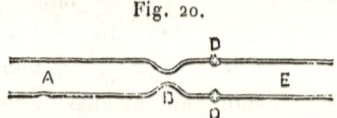

Fig. 20.

largeur à peu près égale ; on chauffe les deux tubes, et on les fait adhérer simplement en les pressant doucement l'un contre l'autre, en D, D. E sert seulement de poignée dans les opérations à exécuter sur A. Une soudure de cette espèce, non soufflée, ne supporte guère le refroidissement. E et A se séparent facilement de nouveau. Aussi dirige-t-on la flamme sur un point B du tube A, qui soit assez près de D pour que cette partie soit toujours suffisamment chaude. L'opération se continue exactement comme la précédente. On peut, de la même manière, assujettir, en guise de poignée à l'extrémité d'un large tube, un tube étroit ou une baguette de verre ; on chauffe le bord du tube large et on le plie avec le tube étroit de deux côtés opposés, en faisant d'abord adhérer la poignée sur un point du bord, puis sur le bord opposé et revenant enfin vers le milieu; en tournant et tirant doucement, on arrive à placer exactement dans l'axe du tube large le morceau rapporté.

Exercice : *Préparer des tubes d'essai.* — On coupe dans des tubes à souffler, de largeur convenable, des morceaux dont la longueur soit un peu plus du double de celle du tube à réaction désiré, on les étrangle au milieu et on les fond; on arrondit les bords et l'on courbe les extrémités, en employant au besoin la tige de fer arrondie, indiquée page 62. C'est pour s'exercer que l'on prépare des tubes d'essai de différentes longueurs et de différentes largeurs; pour l'usage, on les trouve à si bon marché dans le commerce, qu'on n'aurait aucun avantage à les faire soi-même.

Exercice : *Construire des manomètres et des baromètres à siphon.* — On ferme une des extrémités d'un tube de verre A (*fig.* 21), on le remplit

Fig. 21.

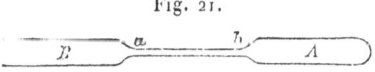

d'abord jusqu'en *b* de mercure que l'on fait bouillir. On étrangle alors entre *b* et *a*, et l'on courbe en même temps le tube.

On chauffe ensuite le mercure jusqu'à ce qu'il

arrive en a, et l'on verse seulement alors dans la branche B du mercure bouilli. Pour les manomètres destinés à mesurer les faibles pressions, la branche A peut être courte; pour les baromètres à siphon, A doit avoir plus de 80^{cm} de longueur. On assujettit les deux branches A et B du tube verticalement sur un support (une planche).

4. Étrangler ou obturer le canal. — Ce résultat doit être atteint sans que le diamètre extérieur du tube soit altéré, comme dans la *fig*. 22. On

Fig. 22.

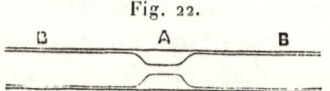

chauffe le tube en A, avec le dard s'il est petit, avec une flamme soufflante s'il est gros, jusqu'à ce que le verre se ramollisse et montre une tendance à se rassembler. Quand cela commence à se produire, on pousse doucement les deux extrémités B vers A, de manière qu'il n'y ait pas de diminution du diamètre extérieur en A. Si la paroi du tube devient trop épaisse en A, et par conséquent l'espace intérieur trop étroit, on éloigne le tube de la flamme et l'on tire un peu sur les parties B. Si le calibre est devenu trop petit en A, on ferme avec un bouchon de caoutchouc une des extrémités du tube, et l'on souffle légèrement et doucement la partie bien chauffée au préalable. Pendant cette opération, il faut toujours tourner le tube, sans cela l'élargissement n'est pas régulier.

S'il faut augmenter le diamètre extérieur à un endroit où l'on diminue le diamètre intérieur, on presse les extrémités l'une vers l'autre et l'on donne chaque fois au calibre la largeur convenable par insufflation, lorsqu'on peut craindre qu'il ne diminue trop sous l'action de la poussée.

5. Soufflage. des ballons ou des sphères de verre.

— Il faut tout d'abord s'assurer que les tubes que l'on emploie sont d'un verre homogène, c'est-à-dire ne présentent ni nœuds, ni bulles, ni stries. La grosseur et l'épaisseur des tubes à employer dépendent en partie des dimensions du ballon que l'on veut obtenir, en partie de la force du col que doit recevoir ce ballon. Il est naturellement plus facile de souffler de grosses sphères sur des tubes larges que sur des tubes étroits. Si l'on veut souffler de grosses boules sur des tubes étroits et minces, il faut bien prendre garde de ne pas chauffer trop fort la portion des tubes qui touche à la partie fondue. Quand on veut souffler une grosse sphère sur un tube étroit, le mieux est de souder au préalable un tube plus large à celui qui doit servir de col (*voir* plus loin, p. 94).

Souffler une boule au milieu d'un tube.
α. PETITES BOULES. — Avec les tubes de sûreté ordi-

naires, cela n'est pas difficile. On ferme une extrémité avec un bouchon et l'on rassemble par pression, à l'endroit voulu, une quantité suffisante de verre, en tournant constamment. On souffle alors, par petites bouffées d'air se succédant rapidement, jusqu'à ce qu'on ait atteint le diamètre voulu. On tient le tube horizontalement et l'on tourne toujours régulièrement. La moindre traction, la moindre pression déforment la sphère. Est-elle venue à souhait, on chauffe encore une fois les points où les tubes s'y attachent, afin de rectifier un peu le tout, si c'est nécessaire.

On obtient facilement un élargissement piriforme en chauffant la moitié d'une sphère, à peu près la zone comprise entre les lignes a, a (*fig.* 23),

Fig. 23.

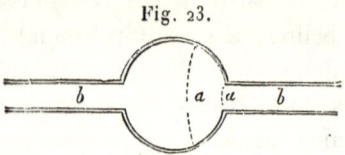

et tirant alors un peu ; cette opération peut être faite sans danger sur une sphère en verre un peu épais.

β. Grosses boules. — Quand les tubes b, b sont étroits, et qu'on désire cependant souffler entre eux une boule de grosseur plus considérable, on étire deux fois un tube plus large, comme le montre la *fig.* 24, en prenant garde que les portions rétrécies aient exactement même axe que les parties larges, sans cela leurs entrées dans la sphère ne

Fig. 24.

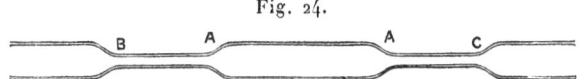

seraient pas placées symétriquement. On sépare C, on coupe le tube plus large en B, et l'on souffle la sphère, suivant les règles données ci-dessus, au moyen du verre compris entre A et A.

γ. DILATATIONS SPHÉRIQUES DANS LES TUBES CAPILLAIRES. — Pour souffler des sphères dans des tubes capillaires étroits, on peut employer, au lieu de la bouche, la poire en caoutchouc (*voyez* p. 66). Mais on ne réussit à obtenir ainsi des sphères de forme régulière qu'avec quelque pratique, car il est un peu plus difficile de tourner.

Souffler une sphère à l'extrémité d'un tube large. — Nous avons décrit ci-dessus le soufflage, relativement facile, d'une sphère sur un tube étroit. Nous allons indiquer l'opération un peu plus difficile, mais instructive à plusieurs points de vue, qui consiste à souffler sur un tube large une sphère d'épaisseur suffisante. On choisira pour les premiers essais un morceau d'un bon tube de verre de $1^{cm},5$ de diamètre environ et de 30^{cm} de longueur; à l'une des extrémités on fixera en guise de poignée une baguette de verre, dont on s'aidera pour effiler le bout du tube, de manière à obtenir un petit tube plus étroit, ayant exactement même axe, a (*fig*. 25). On coupe à 10^{cm} ou 12^{cm} ce petit tube, qui lui aussi servira seulement de poignée, on arrondit un peu les bords, parce qu'il faudra souffler par là, et l'on ferme avec un bouchon l'autre extrémité A, après en avoir également abattu un peu les bords. On chauffe alors une faible longueur vers b, dans une flamme soufflante de moyenne grandeur, en tournant constamment le verre et pressant un peu des deux côtés sur le verre fluide afin de l'épaissir; on souffle un peu, si c'est nécessaire, pour obtenir une forme régulière, mais en évitant de réduire l'épaisseur du verre par une insufflation trop énergique. Quand on a rassemblé une masse de verre de grosseur convenable et faiblement soufflée, on passe aux parties voisines où l'on traite comme précédemment une zone semblable à la première, et l'on continue jusqu'à ce qu'on ait rassemblé assez de verre pour pouvoir en former une sphère de la capacité voulue. A ce moment le tube doit avoir à peu près la forme B (*fig*. 25). On dirige alors la flamme sur les parties rétrécies c, c, entre les renflements sphériques, et on les souffle un peu, jusqu'à ce que toutes les petites boules soient fondues en une seule, qui doit avoir le même aspect que si l'une des extrémités de B avait été simplement renflée en forme de cylindre (à parois très épaisses, bien entendu).

Le verre doit être distribué sur ce cylindre aussi uniformément que possible, et la longueur de cette partie, de d à la portion rétrécie dès le commence-

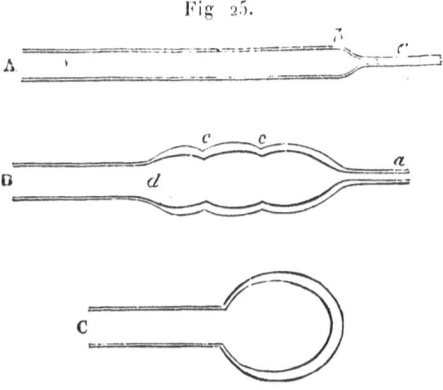

Fig 25.

ment, ne doit pas être plus grande que ne le comporte la largeur de la plus grosse flamme soufflante que puisse fournir la soufflerie, afin qu'on puisse chauffer en une seule fois la masse de verre qui y a été rassemblée. Avant d'en venir là, on enlève le bouchon de l'extrémité B, on fond la pointe a, et l'on ferme ainsi le verre de ce côté. On arrondit, comme il est dit au n° 3 de cette série, l'extrémité qui vient d'être fermée, et l'on dirige sur le bout du tube une flamme aussi grande que possible avec pleine arrivée d'air et de gaz, de manière à envelopper en entier la masse de verre qu'on y a rassemblée. Le verre prend graduellement la forme C (*fig.* 25). Le tube qui doit former le col ne doit pas devenir trop chaud vers d, sans cela il cède, et la sphère se place un peu obliquement.

La position dans laquelle il faut tenir la masse chauffée dépend de sa grosseur; si elle n'est pas trop grosse, il faut tenir le tube horizontalement, comme d'habitude (on doit alors, à la vérité, accélérer un peu le mouvement de rotation). Si, au contraire, la masse de verre est très grosse, il peut devenir nécessaire de diriger vers le bas l'extrémité B et, par suite, la sphère verticalement vers le haut; il est vrai que, dans cette position, du verre peut s'accumuler en d et tout autour, ce qu'il faut éviter. On soulève alors de temps en temps l'extrémité B et l'on fait agir la flamme de plus bas. Quand le verre est sur le point de se rassembler, ce qui arrive rapidement si on l'a déjà soufflé trop mince, on l'ôte du feu et l'on souffle avec précaution, de manière à ramener la forme exacte, en tournant le tube maintenu verticalement. Si l'on continue longtemps cette opération, on donne au verre le temps de se rassembler, et il est bon, pour favoriser la régularité de sa distribution, d'ôter de temps en temps du feu les masses de verre chaudes, et de les dilater un peu en soufflant modérément. Quand on a enfin aggloméré une masse de verre bien régulière, comme celle que représente C (*fig.* 25), on sort de la flamme et l'on souffle la sphère. Pour cette opération, on peut user de petites bouffées isolées qui se succèdent rapidement et deviennent d'autant plus énergiques que le verre se refroidit davantage, parce que la formation du ballon peut ainsi être exactement surveillée et interrompue au moment voulu. Pendant le soufflage on tourne continuellement, et les lèvres ne quittent pas le tube pendant les quelques moments que demande l'exécution de cette manipulation finale ; car, si le ballon est oblique ou déjeté d'un côté, il ne peut pas être corrigé en général ; quand on le porte de nouveau dans la flamme, le verre se rassemble tout à fait irrégulièrement.

Quand on tient les tubes horizontalement pendant le soufflage de la boule, la forme obtenue est presque toujours aussi parfaite que possible ; si on les tient verticalement, la masse légèrement fluide en bas, le ballon prend le plus souvent une forme allongée ; si la masse de verre est en haut, le ballon peut s'affaisser un peu. Si l'on voit que le ballon ne devient pas tout à fait régulier, on peut, en s'arrêtant à temps et si le verre n'est pas encore trop soufflé, chauffer et souffler de nouveau. Le réchauffement doit alors être conduit très prudemment au début, afin que le verre ne se rassemble pas en une masse informe, ce qui arrive fréquemment quand on le porte brusquement dans la flamme. Dans tous les cas, on évite cet accident par des insufflations fréquentes et convenablement dirigées pendant que l'on rassemble de nouveau le verre.

Exercice : *Préparer de gros entonnoirs à boule.*
— Nous avons déjà décrit ci-dessus (p. 67) la préparation de petits entonnoirs à boule ; nous répétons cependant cet exercice, qui s'exécute d'une manière un peu différente pour les gros entonnoirs, et se rattache aux exercices précédents. On ferme une des extrémités (la gauche) d'un tube de force moyenne et pas trop large E (*fig*. 26, 1), on chauffe

Fig. 26.

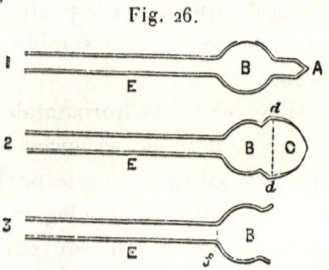

dans une grande flamme une partie du tube, on laisse se rassembler autant de verre que possible, et l'on souffle une sphère B. On ouvre alors l'extrémité fermée et l'on ferme, en tirant en A, de l'autre côté de la sphère.

On chauffe alors toute l'extrémité A et une petite partie de B et l'on souffle, en tenant le tube horizontalement et tournant constamment de manière à réaliser la forme C (*fig*. 26, 2). On chauffe ensuite

C très lentement et progressivement jusqu'à ce que le verre se ramollisse et retombe le long de la ligne ponctuée *dd*; puis on souffle rapidement, pour faire éclater le verre. On enlève, au moyen du couteau à verre, les minces pellicules de verre du bord de l'entonnoir, qui doit avoir la forme B (*fig.* 26, 3), et l'on arrondit le bord à la manière ordinaire.

6. Élargir un tube en son milieu.

— Les tubes peuvent être un peu élargis à leurs extrémités au moyen du cône de charbon ou d'une palette de fer-blanc de forme convenable, comme cela a déjà été indiqué. On peut les élargir en tout autre endroit, simplement en les chauffant et les soufflant. Si la partie élargie doit être cylindrique, l'opération devient plus difficile. On souffle des boules en

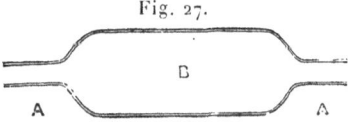

Fig. 27.

deux ou trois points très voisins, puis on souffle les anneaux qui séparent les sphères contiguës, jusqu'à ce qu'ils acquièrent le diamètre de ces sphères elles-mêmes, et l'on fond enfin l'ensemble en tirant doucement pour donner la forme cylindrique. Cependant, la meilleure manière d'obtenir un tube large avec des prolongements plus étroits (*fig.* 27) consiste à souder au tube large des morceaux de tube de la largeur voulue; cette opération sera décrite au paragraphe suivant. Naturellement on peut obtenir aussi la forme de la *fig*. 27 en effilant le tube large B en A, A, comme cela a été indiqué déjà.

7. Souder entre eux des tubes de même axe. — Nous arrivons à l'une des opérations les plus importantes dans le soufflage du verre. Les parties les plus grosses et plus compliquées des appareils de verre sont d'habitude soufflées isolément d'abord, et réunies ensuite.

Si l'on veut avoir des soudures solides, il faut éviter d'employer des verres différents; si ce n'est pas possible, il faut intercaler entre les diverses parties de petits morceaux de *verre à soudures* (*voir* p. 24), lorsque leur soudure directe présente des difficultés. Le verre ne se laisse souder que par des surfaces fraîchement coupées; toutes les fois qu'on voudra faire une soudure, on coupera les tubes; les surfaces préparées dans ce but ne doivent être mises en contact ni avec les doigts, ni avec la table, ni avec un objet quelconque. Si les bouts sont trop courts, ou s'il ne paraît pas avantageux d'en couper un morceau, on prépare une surface fraîche en fermant complètement d'abord l'extrémité courte, et soufflant ensuite brusquement. On abat avec un morceau de verre propre les lamelles de verre qui restent; il est vrai qu'avec ce procédé, on réalise parfois difficilement une soudure parfaitement régulière des deux parties.

Quand la soudure est réussie, elle réunit les deux masses de verre par une surface unie et continue, sur laquelle aucune marque de séparation n'est visible. Tous les nœuds, tous les grains et toutes les bosses doivent être éliminés en soufflant d'une manière intermittente, et laissant de nouveau le verre se rassembler. On reconnaît une bonne soudure à l'absence complète de bourrelets et de rainures.

Soudure de deux tubes de même diamètre.
α. TUBES DE SURETÉ. — Pour s'exercer, on coupe d'abord des tubes d'épaisseur moyenne en morceaux de 20^{cm} de longueur, et l'on soude deux de ces morceaux l'un à l'autre. On ferme avec un bouchon une extrémité de l'un des tubes et l'on chauffe l'extrémité ouverte, ainsi qu'un des bouts de l'autre tube, dans une petite flamme pas trop aiguë, en tournant constamment les deux morceaux, jusqu'au point exact où le verre se ramollit ; on prend garde que les points extrêmes seuls (proprement les surfaces terminales) soient fondus, et que le verre ne se rassemble pas. On rapproche alors les deux bouts jusqu'à ce que les surfaces terminales adhèrent l'une à l'autre ; il ne faut pas exercer de pression, ou en exercer une très faible, insuffisante tout au moins pour que le verre s'épais-

sisse en forme d'anneau; au contraire, on peut, au moment où les deux parties adhèrent l'une à l'autre, les tirer un peu, mais pas beaucoup, en sens opposés. De suite, et sans laisser au verre le temps de se refroidir, on diminue l'arrivée du gaz et l'on produit une flamme en pointe aussi fine que possible, que l'on dirige contre le point de réunion, en tournant constamment le tube aussi régulièrement que possible, sans tirer ou presser. Le verre se rassemble complètement; on sort le tube de la flamme, on porte à la bouche l'extrémité ouverte en tournant constamment, et l'on souffle avec précaution l'espace intérieur jusqu'à ce qu'il acquière le diamètre des deux tubes; si le tube est devenu trop épais au point chauffé, on peut tirer un peu, et si l'on a été vite, agir encore, au besoin, en soufflant l'intérieur.

β. Tubes a souffler. — Il suffit, avec des tubes pas trop larges ni trop minces, d'exécuter une fois l'opération α pour réaliser la soudure, au moins dans sa partie essentielle; on peut faire les retouches convenables par des chauffes, des soufflages et des tractions répétés avec des flammes plus grandes. Dans le cas des tubes larges, ou lorsque les pièces à réunir sont trop grosses pour qu'il soit possible de les tourner facilement, il faut procéder comme suit : on dirige successivement le dard sur les divers points de la périphérie où la soudure des deux portions était tout d'abord grossière, et l'on souffle séparément et doucement chacun de ces points. On cherche d'abord à fermer, en inclinant les tubes l'un vers l'autre, les points où il peut y avoir les solutions de continuité les plus grandes. Avec les tubes très longs, il faut charger un aide du soufflage, ou bien adapter à l'extrémité ouverte un long tuyau de caoutchouc dans lequel on souffle soi-même. Une soudure soufflée ainsi progressivement ne pourra jamais avoir une forme régulière, s'il n'est pas possible, pour terminer, de tourner dans la flamme, en la chauffant également dans toutes ses parties, la pièce de verre tout entière, et de la souffler alors.

γ. TUBES TRÈS ÉTROITS. — Quand on veut souder l'un à l'autre deux tubes très minces ou très étroits, on peut, pour empêcher le verre ramolli de s'af-

Fig. 28.

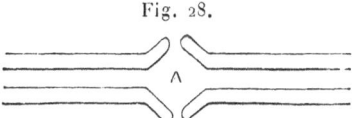

faisser et de fermer ainsi les tubes, border et élargir un peu les extrémités qui doivent être jointes, comme en A (*fig*. 28). Un grand nombre de souffleurs de verre bordent tous les tubes avant de les souder. Pour la soudure des petits tubes à parois minces, on doit recommander l'emploi du brûleur de Bunsen.

δ. Tubes capillaires. — Si l'on a la main sûre, on peut commodément souder des tubes capillaires en appliquant l'une contre l'autre, en dehors de la flamme, les axes étant bien en coïncidence, les faces fraîchement coupées et bien planes, et les portant ainsi dans la flamme. Si l'on tourne alors les tubes dans la flamme, sans presser les deux morceaux l'un contre l'autre, ils se soudent très bien sans que leur lumière éprouve aucune altération.

Si l'on n'a pas la sûreté de main nécessaire, on élargit un peu au préalable les pièces qu'il faut rapprocher. On ferme une extrémité, on chauffe dans le dard une mince zone un peu au-dessus de cette extrémité, et l'on élargit l'âme du tube en soufflant fortement. On coupe le tube au point le plus large, et l'on utilise pour la soudure le bord ainsi renflé, dont les parois ont, à la vérité, perdu un peu de leur épaisseur.

On épaissit de nouveau le tube en pressant doucement. Mais, pendant cette opération, la pression à l'intérieur doit surpasser la pression atmosphérique, afin que le verre ramolli ne se rassemble pas au point chauffé et n'obture pas le tube. A cet effet, on relie l'une des extrémités à une poire en caoutchouc (*voyez* p. 66); un petit soufflet assujetti à l'une des extrémités du tube rend aussi de bons services.

Soudure de deux tubes de diamètres inégaux. — S'il s'agit d'unir un tube étroit à un autre un peu plus large, on élargit l'extrémité du plus étroit jusqu'à ce qu'elle acquière le diamètre de l'autre. Si les diamètres sont assez différents, on amincit le tube large au voisinage de l'extrémité [on y adapte, si besoin est, un morceau de tube plus étroit en guise de manche (*fig.* 20)], en chauffant dans le dard une mince zone. Au début, on tire un peu, puis on laisse le verre se rassembler régulièrement de lui-même, de manière qu'il se produise un étranglement ayant, dans sa partie la plus étroite, même diamètre et même épaisseur de paroi que le tube

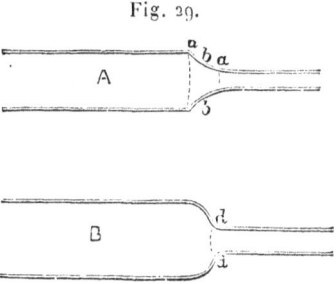

Fig. 29.

qu'il faut y souder. On coupe à cet endroit et l'on adapte le tube étroit. Si le rétrécissement du tube large et la soudure du tube étroit ont été convenablement exécutés, l'ensemble présente à peu près l'aspect A (*fig.* 29); la soudure est approximativement en *b, b*. On chauffe alors dans une flamme plus grande l'espace total compris entre les lignes ponctuées a, a, et on le souffle dans la forme B; en d, d, la partie hémisphérique du tube le plus large doit tomber presque à angle droit et brusquement sur le tube étroit, l'extrémité soufflée doit avoir exactement le diamètre du tube large. Si l'on souffle plus fort, cette partie devient sphérique en se raccordant au tube; si l'on veut placer en ce point sur le tube B un renflement de forme sphérique, on chauffe toute l'extrémité de B dans une très grande flamme (sans cependant laisser devenir trop chaude la région qui entoure d), jusqu'à ce que le verre s'affaisse; on rassemble un peu de verre en pressant doucement, et l'on souffle en tournant constamment.

Exercice : *Construction d'un compte-gouttes à mercure (d'après Heerwagen).* — Dans des recherches électriques, notamment, on a souvent à verser du mercure dans de petits godets qui sont parfois difficilement accessibles. On emploie avec avantage, à cet effet, le compte-gouttes représenté *fig.* 30, que l'on construit de la manière suivante. On prend un tube d'essai A, d'environ $1^{cm},5$ de large, et l'on cherche un tube B de 25^{cm} de long, dans lequel le tube d'essai passe juste. On étire B à ses deux extrémités, et l'on soude à l'une d'elles un tube capillaire pas trop étroit, de 15^{cm} de longueur. On procède comme il est indiqué § 7, δ, en commençant par élargir un peu la lumière du tube capillaire. On souffle alors à l'autre extrémité une sphère et l'on ouvre cette dernière, comme il est dit § 5 (*Préparation d'un entonnoir à boule*). On courbe enfin le tube capillaire C, comme l'indique la figure, et l'on étire un peu la pointe D. On assujettit le tout sur un bloc de bois E, de ma-

Fig. 30.

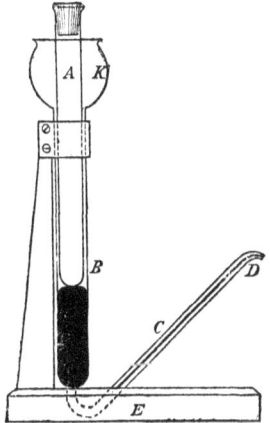

nière à lui donner une stabilité aussi grande que possible. On verse du mercure en B et l'on dispose comme un piston le tube d'essai A fermé par un bouchon; on peut alors, tenant B entre l'index et le doigt du milieu, faire écouler de D une quantité de mercure aussi petite qu'on le veut, en pressant en A avec le pouce.

8. Souder des tubes latéralement. — Dans l'exercice précédent, on peut obtenir par soudure des formes très satisfaisantes, en tournant régulièrement. Cela est plus difficile à réaliser dans les exercices suivants, parce qu'il est alors impossible de tourner régulièrement et qu'il faut souffler l'un après l'autre les divers points.

Soudure latérale d'un tube de sûreté sur un tube large, une sphère de verre ou un ballon de verre. — On chauffe une grande surface autour du point qui doit recevoir la soudure, puis on dirige sur ce point un dard très petit et très chaud, et l'on souffle une petite ouverture (p. 67). On chauffe jusqu'à fusion les bords de l'ouverture (a) et une extrémité (récemment coupée) du tube de sûreté (b), en le tournant constamment; le tube (ou la sphère) ouvert est présenté à la flamme (sans tourner) en même temps que le tube b, et derrière lui, de façon que la flamme ne fasse qu'effleurer l'ouverture [1]. Si, après avoir été ouverts, le tube large ou la sphère se sont refroidis, on les repasse une fois ou deux dans la flamme, afin de chauffer également un peu

---

[1] L'ouverture a est placée *derrière* le haut de la flamme du chalumeau, et le tube b est appliqué *sur le devant de la flamme* et un peu plus bas, de façon à aplatir cette flamme contre les bords de a. (H. E.)

On peut également réussir en présentant les deux pièces sur les côtés de la flamme, qui doit seulement effleurer a, tandis que b y pénètre légèrement. (P. L.)

les points opposés. Dès que le verre commence à se ramollir, on applique (sans presser) sur le bord de l'ouverture le bord du tube, ce qui les fait adhérer immédiatement sur tout leur pourtour, et on les tire un peu en sens opposés. Pour que l'adhérence puisse être immédiate, il faut que le diamètre de l'ouverture soit juste égal (ou un peu inférieur) à celui du tube qu'on veut y adapter; de plus, les deux bords doivent être plans et se raccorder exactement l'un à l'autre quand on les juxtapose, ce qui se fait naturellement hors de la flamme. Si, néanmoins, il reste des trous au point de suture, on cherche à les fermer en inclinant le tube du côté où ils se trouvent, ou bien, au moyen d'un tube de verre froid légèrement effilé, on amène le verre ramolli des bords sur les ouvertures à boucher. La liaison des deux parties doit être rendue encore plus intime qu'elle ne peut l'être après cette simple adhésion. On y parvient en chauffant et soufflant point par point. S'il reste à la soudure des nœuds ou des parties trop épaisses, on les tire en les touchant avec du verre froid, et l'on fond le tout aussi uniformément que possible. Quand la jonction est terminée, l'appareil entier, ainsi que la partie du tube large, de la sphère ou du ballon qui est opposée à la soudure, doit être encore une fois chauffé régulièrement (jusqu'au ramollissement, au besoin, si l'on veut encore redresser un peu le tube soudé), puis refroidi régulièrement.

Si l'on doit ajouter un second tube au voisinage du premier, le mieux est de le faire avant que la première soudure ne soit refroidie. Elle doit alors, au cours du travail, être ramenée de temps en temps dans la flamme. Le mode opératoire est celui qui vient d'être décrit.

Construction de tubes en T. — S'il faut souder un tube sur le côté d'un tube de même diamètre, le soufflage régulier n'est pas facile, notamment si

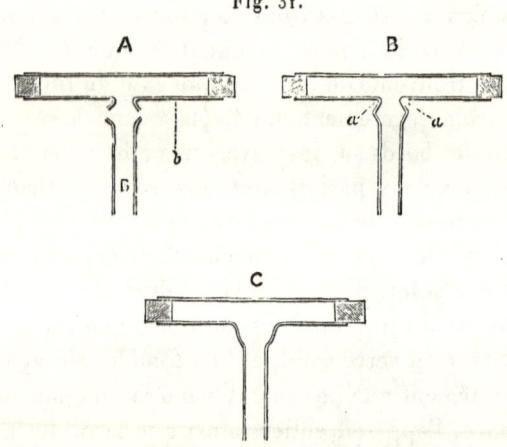

Fig. 31.

les tubes sont étroits et si la paroi est mince. On trouve, à très bon marché dans le commerce des raccords en forme de T d'une belle apparence et de toutes les largeurs; l'exercice un peu pénible qui consiste à en faire soi-même doit cependant être recommandé. Un tube est fermé à l'une de ses extrémités, puis ouvert latéralement par insufflation, comme en A (*fig.* 31); on ferme alors également l'autre extrémité au moyen d'un bouchon. On élargit un peu l'une des extrémités du tube à adapter, on chauffe aussi régulièrement que possible les bords des deux tubes, on les amène au contact et on les tire un peu en sens opposés. Pour souffler, on dirige dans les coins a, a (*fig.* 31, B) le dard le plus fin et l'on souffle de manière que la forme définitive du T soit à peu près celle que montre C.

Préparation de tubes en Y. — Pour faire un tube en Y (*fig.* 32), on courbe d'abord le tube A

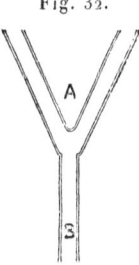

Fig. 32.

en angle aigu, puis on adapte B à une ouverture que l'on souffle sur le côté convexe de A; ou bien on donne au tube A la courbure désirée après avoir soudé B.

EXERCICE : *Construction de pulvérisateurs.* — Pour colorer aussi régulièrement que possible des flammes non lumineuses par des sels métalliques volatilisés, on pulvérise, d'après Gouy et Ebert, des solutions de ces sels, et l'on mélange cette poussière liquide à l'air qui alimente le brûleur.

On construit de la manière suivante le pulvérisateur nécessaire (*fig.* 33) : on étire en pointe une

Fig. 33.

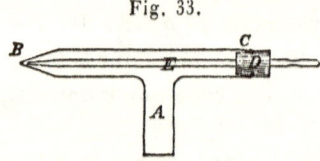

extrémité d'un tube en T de large diamètre A, on épaissit le bord de l'extrémité opposée C. On adapte en C un bouchon D, qui maintient dans l'axe du tube large un tube de verre E, effilé en avant, légèrement étranglé en arrière. C'est par ce tube E que l'on amène la solution saline, au moyen d'un tube en caoutchouc fortement assujetti sur l'étranglement ([1]); un caoutchouc, fixé sur A,

---

([1]) Pour que le débit soit régulier, on siphonne la solution contenue dans un vase de Mariotte. Un bouchon percé de deux trous, placé sur un flacon ordinaire, porte deux tubes, qui arrivent presque jusqu'au fond ; le premier est recourbé vers le bas, hors de la bouteille, en forme de siphon, et relié par un caoutchouc au tube E (*fig.* 33). Quand le liquide s'écoule, l'air pénètre par le second tube, évidemment en quantité telle

amène un fort courant d'air. Celui-ci sort par B, pulvérise la solution saline, et entraîne avec lui une grande quantité de poussière liquide. Ce pulvérisateur est assujetti par un bouchon dans l'une des tubulures d'un grand flacon laveur ordinaire. Les particules liquides les plus grosses tombent au fond, seule la poussière la plus fine arrive avec l'air au brûleur par un tube fixé sur l'autre tubulure.

EXERCICE : *Construire un brûleur de Bunsen en verre*. — S'il arrive, comme c'est le cas dans l'analyse spectrale, que le brûleur qui produit la flamme non éclairante doive être complètement débarrassé de toute impureté, on peut recommander de choisir, au lieu du brûleur usuel en cuivre, des appareils entièrement construits en verre, qui peuvent être aisément démontés et nettoyés. La *fig*. 34 représente un semblable brûleur en verre, très solide (EBERT). Dans le tube de verre A, de 1^{cm} de large environ et de 15^{cm} à 18^{cm} de longueur, bordé en haut et en bas, on souffle trois ouvertures O_1, O_2, O_3; il n'y a aucune difficulté à les obtenir avec une fine flamme en pointe : on bouche au liège les trous déjà ouverts; le bouchon se carbonise, il est vrai, mais il tient assez longtemps

---

que la pression sous laquelle le liquide s'échappe par B reste constante, bien que le niveau baisse graduellement dans le flacon. (H. E.)

pour que l'ouverture voisine puisse se faire. Le mieux est de disposer les trous à 120° l'un de l'autre, sur une même circonférence. Le tube étroit et coudé G, terminé par une mince ouverture i, est introduit par en bas à travers le bouchon S. C'est

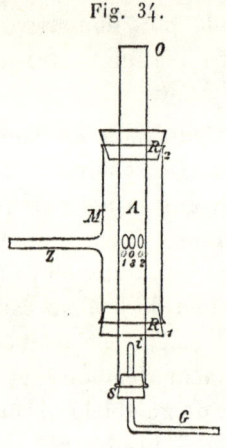

Fig. 34.

par là qu'arrive le gaz. Sur le tube A on glisse le manchon de verre M, formé d'un morceau d'un tube large et court, bordé à ses deux extrémités ; le tube d'amenée de l'air, Z, lui est soudé latéralement. Le manchon M est fixé sur le tube A par les deux bouchons R_1 et R_2. Lorsque le gaz s'est écoulé pendant un moment par i, on peut l'allumer en O sans avoir à craindre un retour de flamme. On obtient une longue flamme éclairante. Si l'on insuffle par Z de l'air qui pénètre en A par les ouvertures O_1, O_2, O_3, la flamme perd son éclat. Si l'air est chargé de poussières d'une solution saline, la flamme prend la coloration correspondante. On empêche la rupture du bord du tube en O en le coiffant d'une enveloppe, que l'on façonne en courbant une petite lame de platine mince. Si l'on veut employer de forts courants d'air, pour obtenir des flammes chaudes, on couvre O d'un morceau de toile fine de platine, qui empêche aussi, dans ce cas, le retour de flamme. En étirant O en pointe, ou le pressant à plat, on peut obtenir des flammes de formes diverses, ce qui est très important pour un grand nombre d'objets.

EXERCICE : *Sceller un vase dans lequel règne un excès de pression (d'après A. Richardson).* — Pour sceller un vase de verre dans lequel règne un excès de pression, on lui soude, comme il est dit au n° 8, un tube sur lequel sera fait le scellement, et que l'on construit de la manière suivante. Un tube de sûreté ordinaire est un peu rétréci en un de ses points. En avant de l'étranglement, on place une tige de verre qui puisse être facilement enfoncée dans le tube, et dont une extrémité est étirée en pointe. La tige étant disposée avec sa pointe dirigée vers l'étranglement, on soude le tube de sûreté au vase qu'il s'agit de sceller, de telle façon que la pointe de la tige soit vers l'extérieur, et que le tube fasse un coude au voisinage de la soudure, afin que la tige ne puisse pas tomber dans le vase. Elle fonctionne alors comme une soupape. Si l'on introduit dans le vase un gaz ayant un excès de pression, la tige s'écarte de l'étranglement; si l'afflux de gaz cesse, le gaz contenu dans le vase la presse contre l'étranglement, qui se trouve ainsi hermétiquement fermé. On peut alors sceller le tube au-delà de l'étranglement, sans craindre que le ramollissement du verre détermine une boursouflure.

QUATRIÈME SÉRIE D'EXERCICES.

EXERCICES SPÉCIAUX ET CONSTRUCTION D'APPAREILS COMPOSÉS.

Les travaux et les exercices précédents étaient relativement simples; nous arrivons maintenant à des opérations qui exigent un peu plus d'habileté.

Si au moyen des travaux précédemment décrits on est arrivé à diriger sa main sûrement et surtout posément, les exercices qui suivent n'offriront pas de difficultés insurmontables. Avant tout, il est important de savoir souder des électrodes; l'opération est très facile dans bien des cas; cependant c'est seulement ici que nous la décrirons, en même temps que d'autres plus difficiles et de même espèce, à cause des relations qu'elles ont entre elles.

1. Courber de larges tubes dans la flamme du chalumeau; faire des tubes en U, en V et en spirale. — En général, la courbure des tubes larges ne peut pas être exécutée en suivant le procédé indiqué page 43, lorsqu'on veut obtenir des courbures régulières et pas trop petites. On chauffe, au contraire, après avoir fermé une extrémité du tube large, le point où doit se trouver la courbure dans une flamme soufflante aussi grande que possible, on ramollit le verre, on presse un peu, et l'on continue jusqu'à ce qu'on ait rassemblé une masse de verre convenable pour la courbure; on enlève alors le tube de la flamme, on le laisse un peu refroidir, et l'on tire sur la partie épaissie en même temps qu'on lui donne la courbure souhaitée; on souffle en même temps dans le tube, pour l'empêcher de s'affaisser. L'opération terminée, il n'est plus possible de corriger les irrégularités.

Préparation de tubes en V *et en* U. — En pliant sous un certain angle un tube large, on a un tube en V. La confection de bons tubes en U de très grandes dimensions, ayant d'un bout à l'autre une épaisseur et un diamètre bien uniformes, exige déjà quelque habitude et une main sûre; cependant, dans les cas ordinaires où il s'agit de courber deux pièces en un point quelconque d'un appareil, de manière à les rendre parallèles, on peut réaliser sans difficulté une courbure dépourvue de replis dans sa partie concave. On obtient encore de bonnes courbures avec des tubes larges en les remplissant de sable sec et fin, après avoir solidement bouché une extrémité; l'autre extrémité doit être bouchée légèrement au contraire, afin que le sable ne puisse s'en écouler, mais que par contre l'air chaud puisse s'en échapper. On tourne alors le tube dans une flamme aussi grosse que possible; si l'on a suffisamment chauffé un morceau de tube assez long, on peut plier le tube large aussi bien qu'un tube de sûreté ordinaire.

Préparation des tubes en spirale. — Il est très difficile de courber à main levée des tubes en spirale, comme on les emploie dans les réfrigérants. A l'usine, on les fabrique en chauffant de proche en proche un tube moyennement large, et l'enroulant sur un cylindre métallique. Le cylindre, en cuivre, porte à sa partie inférieure un écrou au moyen duquel on peut l'engager sur un pas de vis afin qu'il progresse uniformément autour de son axe quand on le fait tourner. On fixe à sa surface un tube de verre mince, et l'on dirige la flamme contre le cylindre et le verre jusqu'à ce que celui-ci se ramollisse; le morceau de verre chauffé peut alors être enroulé sur le cylindre. On continue alors, et l'on tourne peu à peu le cylindre devant le chalumeau, en chauffant toujours et enroulant de nouvelles portions. Quand on a enroulé le tube sur toute sa longueur, on en soude un nouveau, jusqu'à ce que la spirale entière soit achevée. Les deux extrémités du tube sont courbées à angle droit et amenées dans l'axe. Lorsqu'on veut entreprendre soi-même cette besogne, on imite ce procédé d'une manière quelconque.

2. Doubles soudures. — On désigne sous le nom de *double soudure* la soudure d'un tube à l'intérieur d'un autre. Cette opération n'est pas facile ; on l'évite fréquemment par l'emploi de raccords en caoutchouc. Veut-on, par exemple, préparer un réfrigérant à reflux ? On peut simplement rétrécir les extrémités du manchon extérieur jusqu'à ce qu'elles aient le diamètre du tube intérieur et réaliser la liaison au moyen d'un bout de tube de caoutchouc passé par-dessus. Cela n'est pas possible quand on veut préparer des tubes à ozone (*fig.* 35) ; il faut alors souder les tubes l'un à l'autre à leur point de contact ; l'opération ne réussit que si les deux tubes sont du même verre.

Souder deux tubes l'un dans l'autre. — Il faut avant tout veiller à ce que le tube intérieur ait même axe que le tube extérieur, plus large. Nous expliquerons le mode opératoire à propos du tube à ozone.

Au tube extérieur (II) on soude latéralement un tube de sûreté de dimensions ordinaires, puis on étrangle légèrement l'extrémité E. Le meilleur moyen consiste à fermer d'abord cette extrémité comme pour un tube à essai, à chauffer la calotte, et à souffler assez rapidement pour qu'elle éclate ; on abat les éclats avec le couteau. Pour que l'ouverture soit réellement un peu plus étroite que le tube lui-même, il ne faut pas chauffer trop de verre.

CONSTRUCTION D'APPAREILS COMPOSÉS. 111

Le bord de E doit se trouver dans un plan perpendiculaire à l'axe du tube et être exactement circulaire. Le tube latéral est fermé en F avec un bouchon. Le tube intérieur (I) est arrondi et fermé à l'extrémité C, mais il faut y laisser une fine ouver-

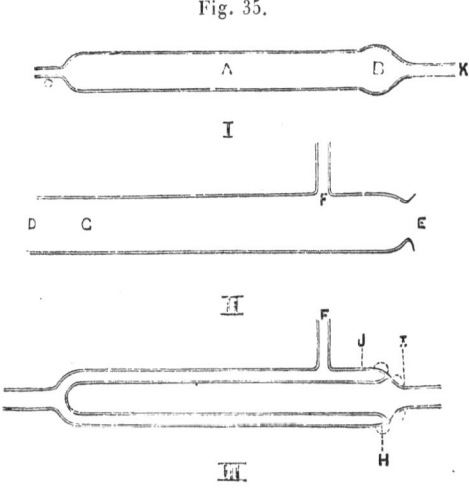

Fig. 35.

ture, qui sera refermée plus tard. Dans ce but, on commence par rétrécir l'extrémité C, et on l'étire sous forme d'un tube très fin qui est de suite scellé à quelque distance du bout. Se servant de ce tube comme d'un manche, on souffle la partie rétrécie du tube de façon que l'extrémité C prenne une forme exactement hémisphérique. On gonfle alors le verre en forme de sphère en B, ni plus ni moins qu'il ne faut pour que B s'insère juste dans l'ouverture E du tube large H, sans pouvoir passer au travers. La longueur de BC doit être un peu moindre que celle du tube extérieur ED. En arrière de B on le rétrécit un peu et on l'étire en formant un tube de largeur telle qu'il puisse être aisément tenu à la bouche. Enfin on coupe très court le tube en C, de telle sorte qu'il ne reste dans l'extrémité arrondie de A qu'une petite ouverture, grosse à peu près comme une tête d'épingle.

Quand les deux tubes sont ainsi préparés, on enveloppe autour de A, à son extrémité C, une bande de papier de 1^{cm} ou 2^{cm} de large, de sorte que le tube avec son bourrelet de papier puisse être enfoncé à frottement dans l'orifice D du tube extérieur H. Quand le papier a été introduit en D sur toute sa largeur, on retire A, mais on maintient en place l'anneau de papier que l'on pousse encore un peu plus loin vers G après avoir enlevé A. On introduit alors A par l'autre bout, à travers E, de sorte que la sphère B appuie exactement sur le bord de E, et que l'extrémité C soit passée au travers de l'anneau de papier qui se trouve en G. Les deux tubes ont alors exactement même axe; il ne faut pas cependant que la bande de papier soit assez fortement pressée, pour que l'air ne puisse plus passer librement à travers l'anneau. D est alors fermé par un bouchon; on souffle par K dans le tube A; l'air pénètre dans le tube extérieur par la fine ouverture laissée en C, et doit s'échapper par la fente entre E et B, si l'anneau de papier n'est pas trop fortement serré. On porte alors graduellement devant le dard la ligne de contact entre B et E ainsi que les parties voisines, après les avoir au préalable suffisamment chauffées dans une flamme plus grande, et l'on tourne devant le dard assez longtemps pour que le verre se ramollisse et se soude. On chauffe alors point par point et l'on souffle chaque fois à la manière ordinaire, en envoyant l'air par K. L'air doit agir avec la même force des deux côtés de la soudure; on souffle assez fort pour que les deux côtés se gonflent faiblement vers l'extérieur, à peu près comme l'indiquent, bien qu'avec une certaine exagération, les lignes ponctuées de la *fig.* 35, III. Enfin, on chauffe jusqu'au ramollissement toute la soudure entre les lignes I et J, et l'on souffle en tirant un peu, de manière à obtenir la forme définitive représentée par III.

Le tube latéral F ne doit pas être placé trop près de l'extrémité E; si l'on ne peut faire autrement, il faut bien refroidir la soudure F, et la réchauffer ensuite avec beaucoup de précaution avant de commencer la soudure en H (III).

Quand la soudure H est complètement froide, on enlève l'anneau de papier, on chauffe le tube intérieur et le tube extérieur en D et l'on ferme la petite ouverture du tube intérieur en G, en dirigeant à travers D, droit sur l'extrémité C, un dard long et fin. On rétrécit encore l'extrémité D du tube extérieur à la manière ordinaire, et on l'étire à la largeur d'un tube de sûreté. Si l'extrémité en D est trop courte pour qu'on puisse la saisir directement avec la main, on y soude d'abord une poignée.

Souder un tube dans une sphère. — Il s'agit de souder le tube effilé (*fig.* 36, 4) dans la sphère 1,

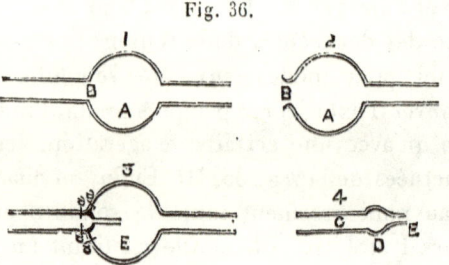

Fig. 36.

de manière à obtenir la forme 3. Une telle disposition peut être employée comme *chambre à air* ([1]) dans la trompe à mercure, par exemple, où elle arrête l'air entraîné par le mercure qui s'écoule de gauche à droite.

([1]) *Luftfalle;* littéralement, piège à air. C'est, en somme, le dispositif imaginé par Bunten pour empêcher l'air de pénétrer dans la chambre d'un baromètre à siphon. *Voir* plus loin, p. 161.
(P. L.)

On prépare d'abord le tube à ajuster C (4); on l'élargit légèrement en D en forme de sphère, on l'étire en pointe en E. On souffle alors la sphère *t* au milieu d'un tube (1), on enlève la portion du tube à gauche de B et l'on souffle une ouverture (2) de grandeur telle que D la remplisse exactement. On enfonce alors E à travers l'ouverture B, on tient D contre le bord de B et l'on tourne lentement et régulièrement les deux parties devant le chalumeau, de telle sorte que le dard agisse toujours sur la ligne de contact, jusqu'à ce qu'elles adhèrent l'une à l'autre. On souffle alors la soudure point par point, en ayant toujours soin que le verre soit soufflé sur tout le pourtour de la jonction; on chauffe enfin une fois le tout entre a, a et α, α (3) et l'on souffle pour donner la forme définitive (1).

Les soudures de cette sorte se brisent très facilement, soit au bout de quelques minutes, soit au bout d'un temps plus long, si le verre de D est notablement plus épais que celui de A. Aussi doit-on choisir, pour toutes les parties de l'appareil, du verre d'épaisseur égale et appropriée au but qu'il doit remplir. Cependant, même avec des épaisseurs presque égales, il est essentiel de refroidir avec beaucoup de soin toutes ces soudures *intérieures;*

---

(1) Pendant le soufflage, l'extrémité libre du tube C doit naturellement être fermée par un bouchon. (P. L.)

E, en effet, se refroidit moins vite que les parties exposées à l'air libre. On doit recommander, dans ce cas, d'envelopper l'appareil dans de la ouate, ce qui rend le refroidissement très lent.

Exercice : *Souffler une trompe à eau.* — Lorsque l'eau s'écoule, en veine puissante, d'un tube terminé en pointe et placé à l'intérieur d'un autre tube plus large, elle entraîne une grande quantité d'air. On utilise cette propriété pour aspirer l'air d'un vase (trompe aspirante) ou pour le rassembler dans un récipient (trompe soufflante). On a représenté dans la *fig.* 7 une forme simple de cet appareil, que l'on peut facilement faire soi-même. Sur un large tube on soude, en B, un tube latéral préalablement renflé C; le tube est étiré en G sur une grande longueur; au-dessus de B, on le rétrécit et l'on y pratique une section nette. On prépare ensuite un tube plus mince, terminé à la partie inférieure par une pointe et à sa partie supérieure par une partie élargie pouvant passer exactement par l'ouverture du large tube. On les réunit à ce point par une double soudure.

3. Sceller des électrodes.

— C'est là un des exercices les plus utiles, à cause de l'importance qu'ont prise partout aujourd'hui les recherches électriques, même parmi les chimistes, par exemple, et parce que justement dans ces recherches il est important, vu la variété des usages qu'on en fait, de pouvoir soi-même sceller rapidement et sûrement des électrodes.

Nous allons décrire successivement plusieurs procédés dont les premiers sont très simples, et les derniers seuls exigent une plus grande habileté.

Masticage des électrodes. — Dans bien des cas, on se tire d'affaire sans être particulièrement habile au soufflage. S'agit-il, par exemple, d'ajuster en guise d'électrode, dans un vase, ou dans une cuve électrolytique de forme quelconque, un fil de cuivre épais portant une lame ou un bâton de zinc, il suffit le plus souvent de mastiquer le fil ou la tige dans un tube de verre qui l'enserre étroitement. Le mieux est d'employer de la cire à cacheter (¹). Le fil est chauffé et enduit régulièrement de cire à cacheter. Le tube de verre, bien nettoyé et surtout bien séché, est chauffé (pas assez cependant pour que la cire à cacheter brûle) et enfoncé autour de la tige. La fermeture obtenue est imperméable aux liquides et, si l'on opère avec soin, tout à fait imperméable aux gaz. Si l'électrode doit être assujettie dans le vase (tubulaire) sans bouchon, on soude à ce vase un tube un peu plus large que celui qui environne le fil et l'on mastique dans ce

---

(¹) On trouve dans le commerce un mastic spécial connu sous le nom de *mastic Golaz*.

dernier avec de la cire à cacheter celui qui entoure l'électrode.

Ce procédé ne peut être employé lorsque la cire à cacheter est attaquée chimiquement par les électrolytes, ou lorsqu'on doit travailler à des températures élevées. De même, lorsque le courant est trop fort ou le fil trop mince, des difficultés se produisent à cause des dégagements de chaleurs inévitables.

Soudure de fils de platine sans émail. — Le platine parfaitement propre se soude au verre à la température du rouge. On peut utiliser cette circonstance pour sceller directement une électrode dans la paroi de verre d'un tube ou d'un vase. La soudure d'un fil de platine pas trop épais au bout d'un tube est particulièrement simple et solide. On saisit le fil avec une pince plate, on le chauffe au rouge dans le dard le plus chaud, on rétrécit l'extrémité récemment coupée du tube, on y introduit le fil rouge, on laisse le verre se rassembler entièrement, on tire un peu sur le fil, on sort de la flamme, on souffle un peu dans l'intérieur du tube en tournant constamment, et l'on dirige le fil suivant l'axe, autant que possible. C'est ainsi que l'on prépare les fils de platine soudés à de petits tubes de verre, que l'on emploie, par exemple, pour colorer les flammes et dans les recherches spectroscopiques.

On peut encore utiliser ces courtes électrodes

CONSTRUCTION D'APPAREILS COMPOSÉS. 119

de platine soudées dans des tubes, pour conduire l'électricité dans des récipients plus larges, comme ceux qui servent, par exemple, à l'étude des décharges dans les gaz. On soude directement ces tubes, ou bien on adapte d'abord des tubes un peu plus larges, dans lesquels on mastique ceux qui sont pourvus d'électrodes; on peut soit faire saillir à l'intérieur du vase plus large les fils de platine qui émergent des tubes, soit les placer à l'extérieur.

Dans le premier cas, on verse du mercure dans ces tubes pour ménager les communications. Si ce mercure est exempt de bulles d'air, il ne s'écoule pas des tubes étroits, quand ces derniers sont dirigés horizontalement, ou verticalement vers le bas.

Dans le second cas, on protège contre la rupture le morceau de fil de platine débordant librement à l'extérieur, en mastiquant sur l'extrémité du tube, avec de la cire à cacheter, de courts fragments d'un tube de verre un peu plus large, que l'on courbe, au besoin, verticalement vers le haut; ce manchon de verre doit dépasser un peu le fil de platine. On verse du mercure dans la petite cupule ainsi formée et l'on y plonge les fils conducteurs; on obtient ainsi du même coup un contact sûr et ne donnant pas d'étincelles.

Cette disposition offre l'avantage que l'on peut rapidement changer les électrodes. Il est plus sûr cependant et plus commode de souder directement les électrodes dans la paroi du vase ou du tube.

Soit, par exemple, à souder un fil de platine au point α d'un tube de verre A (*fig*. 37) qui ne doit pas être trop mince; on dirige contre α le dard le plus fin dont on dispose, après avoir un peu chauffé le tube tout autour de α (notamment le point diamétralement opposé à α). Quand le verre s'est ramolli, on le touche avec l'extrémité d'un fil de platine

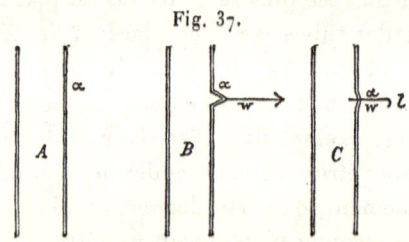

Fig. 37.

légèrement chauffé; le verre adhère solidement. On tire le fil en arrière, et la paroi s'effile en une pointe (*fig*. 37, B) que l'on brise. Le fil de platine à souder est saisi au moyen de la pince, chauffé au rouge, et introduit dans l'ouverture α. On dirige la flamme contre le point α, jusqu'à ce que le verre fonde et s'applique tout autour du fil. Il faut faire attention que le fil ne se plie pas contre la paroi du tube et ne s'y colle pas. Avant que le verre ne soit refroidi, on le souffle en α pour lui donner la forme d'une calotte faiblement convexe (*fig*. 37, C), en dirigeant le fil de platine exactement à angle droit sur la surface. Dans cette opération, il ne faut pas chauffer une trop grande quantité de verre. Quand on a terminé la soudure et l'orientation du fil, on doit encore une fois chauffer le verre au point x et tout autour, afin qu'il ne se développe pas de tensions pendant le refroidissement; il faut enfin refroidir bien uniformément, sans quoi le verre se sépare du fil de platine. Le verre se brise quelquefois à la place où le fil est soudé, même lorsqu'on refroidit avec précaution; cela tient à la constitution du verre, dont certaines espèces seules se laissent unir assez intimement aux fils de platine, pour que la soudure tienne même après le refroidissement.

Une manière très simple de sceller les électrodes est la suivante (F. HEERWAGEN) : On étrangle en un point un tube de sûreté pas trop large, sur une longueur de 1^{cm} à 2^{cm}. Dans la portion étranglée on enfonce, lorsque la température a suffisamment baissé, un fil de platine mince que l'on a soigneusement porté au rouge, et l'on chauffe de nouveau la portion étranglée, de telle sorte que le verre s'applique de toutes parts sur le fil de platine. On passe graduellement à des flammes de moins en moins chaudes, tandis qu'on courbe l'appareil suivant la forme voulue, et on laisse ensuite refroidir très lentement dans la flamme fumeuse. On adapte ces tubes aux vases de verre (électromètre capillaire, élément étalon de Clark, tubes de Geissler); on remplit de mercure la partie extérieure.

Ces électrodes ont l'avantage d'être complètement protégées; les fils de platine nus, recourbés en anses, qui sortent des tubes, se cassent facilement lorsqu'on y attache et qu'on en détache souvent les rhéophores (*voir* plus loin, p. 126).

Malgré le contact intime du fil avec une grande masse de verre, ces électrodes supportent de forts courants (jusqu'à 5 ampères) et des échauffements relativement considérables, quand elles ont été bien refroidies, et que le fil de platine est mince.

Exercice : *Construction d'éléments étalons et de fulgurateurs*. — Dans le fond de tubes d'essai ordinaires on scelle des fils de platine, d'après le procédé indiqué. Cela suffit pour des éléments étalons ordinaires; les substances conductrices constituant l'élément sont disposées dans le vase les unes au-dessus des autres; l'autre électrode est maintenue par un bouchon et plonge dans le vase. On réalise la forme en H, très employée dans ces derniers temps, en réunissant par un tube large et court, soudé au milieu de la hauteur, deux semblables tubes d'essai, pourvus d'électrodes.

Les fulgurateurs servent à l'étude spectroscopique des solutions salines, dans lesquelles on volatilise les métaux par l'étincelle électrique. Les solutions sont versées dans les tubes d'essai jusqu'au niveau de l'extrémité supérieure des fils de platine soudés; il est bon de fixer encore sur le fil de platine un morceau de tube de verre étroit, de longueur un peu plus grande, allant en s'amincissant, et dans lequel la solution monte par capillarité jusqu'à la pointe. On oppose à la pointe, au-dessus d'elle, un tube de verre porté par un bouchon et pourvu d'un fil de platine. On verse un peu de mercure dans le tube, et l'on y plonge le rhéophore.

Si l'on fait éclater entre les deux pointes de platine les décharges d'une bobine d'induction, la solution se volatilise, le sel se décompose, et le spectre de l'étincelle apparaît dans le spectroscope.

Sceller des fils de platine au moyen du cristal à souder ([1]). — Le platine et le verre n'ont qu'exceptionnellement des coefficients de dilatation égaux; leur réunion à haute température détermine dans le verre, pendant le refroidissement, des tensions qui, même quand on a pris les plus grandes précautions, provoquent la séparation du verre et des électrodes, notamment sous l'action des secousses. Les coefficients de dilatation du cristal tendre français et des verres de couleur ou émaux, notamment du verre rubis, sont les plus voisins de celui du platine; il est dès lors avantageux de disposer par soudure, autour du fil de platine, une couche de ces sortes de verre qui se soudent facilement aux autres.

([1]) *Voir* Note I, p. 179. (P. L.)

Si l'on a obtenu, en tirant (p. 120), une très petite ouverture, il suffit de placer sur le fil de platine une goutte de ce cristal pour assurer la soudure. Si l'ouverture est plus grande, on prépare un fil fin de cristal (en étirant par exemple un bâton plus épais déjà un peu aminci) que l'on enroule sur le bord de l'ouverture; le fil de platine est introduit et le tout est soufflé au dard. Il est encore plus commode d'entourer de cristal le fil légèrement chauffé, et de le fondre ensuite sur le fil de manière à en former un bourrelet, avec lequel on fermera l'ouverture. Le cristal se réduit facilement; il se recouvre alors d'un mince enduit noir. Dès que cela se produit, on va dans la partie antérieure oxydante de la flamme, où le métal mis en liberté disparaît de nouveau; dans toutes ces opérations il faut éviter de chauffer trop fortement ce verre.

Si les fils de platine servent d'électrodes dans des tubes à décharges, on se heurte à cet inconvénient, que le platine de l'électrode négative, pulvérisé par les décharges, se dépose sous la forme d'un enduit noir opaque, sur les parois du tube. On peut y remédier en partie, en faisant aussi petite que possible la surface métallique libre. Dans ce but, on entoure d'une couche régulière de cristal toute la partie de l'électrode qui pénètre à l'intérieur, en enroulant autour du fil de platine soigneusement recuit et soudé à une tige de verre, un fil que l'on étire, avec une régularité aussi grande que possible, d'une baguette chauffée seulement au bord de la flamme. On fond alors les spires isolées en tournant régulièrement le fil dans la flamme au moyen du manche de verre auquel on l'a fixé, de manière à constituer une enveloppe continue, de laquelle sort seulement l'extrémité du fil. A l'endroit où le fil doit être soudé au tube, on épaissit l'enveloppe en enroulant plusieurs couches les unes sur les autres, les fondant, et enfonçant le petit disque ainsi obtenu dans l'ouverture que l'on a préalablement soufflée et dont les bords doivent être chauffés jusqu'à fusion. La *fig*. 38 montre

Fig. 38.

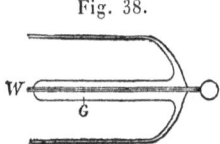

l'aspect de l'électrode; W est le fil de platine, G son enveloppe de verre. Cette disposition diminue la pulvérisation du platine sans l'empêcher complètement et en même temps augmente beaucoup la résistance à la cathode. Si l'on veut éliminer de l'intérieur du tube à décharges toute trace de platine, on soude au fil de platine un morceau d'aluminium. Ce métal est beaucoup moins pulvérisé et n'est pas aussi résistant que le platine (dans un tube où l'on aurait à examiner du chlore par exemple, il ne faudrait pas employer d'électrodes en aluminium).

Le fil de platine est enrobé exactement comme il a été dit. On chauffe alors, immédiatement avant de souder, l'une des extrémités du fil d'aluminium jusqu'à ce qu'elle fonde, et l'on presse cette extrémité contre celle du fil de platine qui dépasse un peu son enveloppe de verre. En soudant au verre, on doit prendre garde de ne pas trop chauffer le fil de platine, autrement l'aluminium, plus facilement fusible, se détacherait de lui.

Il est instamment recommandé de refroidir avec précaution quand la soudure est achevée.

Si le fil de platine est épais, il n'y a pas de danger qu'il se rompe à la surface du verre quand on attache les rhéophores à ses extrémités libres recourbées en boucles. Mais, si l'on ne veut pas employer des fils de platine trop gros, on prépare de petites calottes en clinquant, munies de boucles à leur sommet. L'extrémité libre du fil de platine est alors introduite par une petite ouverture ménagée dans la calotte de clinquant, et la calotte elle-même est scellée à la cire à cacheter sur le verre.

Exercice: *Construction d'un eudiomètre.* — On ferme à son extrémité, en forme de demi-sphère, un tube à parois épaisses, on l'ouvre à quelques centimètres de l'extrémité fermée, et l'on y soude, normalement à la paroi, un fil de platine atteignant presque au milieu du tube et recourbé en boucle à l'extérieur. On ouvre alors le tube en un point diamétralement opposé au fil, et l'on y adapte un second fil. Les deux fils de platine doivent être éloignés l'un de l'autre de 1^{mm} à 2^{mm}. On jauge alors le tube et l'on y grave une division en centimètres cubes.

4. **Soudure des parties isolées d'appareils de grandes dimensions et peu maniables.** — Il est souvent nécessaire de relier entre elles des parties d'un appareil qui sont trop lourdes ou trop peu maniables pour que l'on puisse les travailler librement devant le chalumeau, et qui, par conséquent, ne peuvent être soudées par les procédés indiqués ci-dessus. On peut obtenir un joint imperméable à l'air en enduisant de caoutchouc ramolli au feu les deux extrémités des tubes à réunir, et enfonçant sur les parties ainsi graissées un tube de caoutchouc : le caoutchouc visqueux joint hermétiquement. Pour rendre étanches les raccords formés de courts tubes en caoutchouc, on enduit ces tubes ainsi que les parties des tubes de verre qui seront en contact avec eux, d'une solution d'asphalte dans la benzine, mélangée d'une petite quantité de vernis gras.

S'il faut souder deux morceaux de verre, comme les pièces A et B (*fig.* 39), par exemple, on renfle un peu, avant de construire les deux appareils, les extrémités des tubes C et D destinés à constituer la soudure; on les ferme d'abord tout à fait à leur extrémité, puis on les chauffe un peu plus loin, on souffle, et on les coupe à l'endroit voulu. L'extrémité de C est un peu moins renflée, de manière qu'elle puisse pénétrer dans D, les bords de D dépassent un peu. On fait en outre sur l'un

Fig. 39.

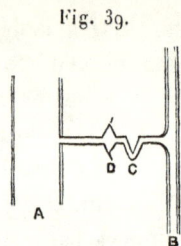

des tubes, C par exemple, une petite courbure en forme de V. Les deux appareils sont alors juxtaposés, comme l'indique la figure, et on les assujettit dans leur position définitive, C devant se trouver exactement dans D. Pour atteindre ce but, on chauffe un peu les tubes et la courbure dans la flamme fumeuse d'un papillon fixé à un tuyau de caoutchouc et l'on tire ou l'on plie le V du tube, selon que cela est nécessaire, pour amener C à s'appuyer exactement contre D. Toutes les ouvertures de l'appareil sont alors bouchées, sauf une à laquelle on adapte une poire en caoutchouc au moyen d'un tuyau assez long pour que l'on puisse tenir la poire à la main pendant qu'on exécute la soudure de C et de D. Prenant alors le chalumeau dans l'autre main, on dirige sur D, jusqu'à ce que le verre fonde, une petite flamme pointue. Pour éviter que pendant cette opération les tubes de raccord, qui sont étroits, se rassemblent en une masse de verre compacte, il faut maintenir dans l'appareil un faible excès de pression en pressant avec la poire en caoutchouc, dès que D et C sont unis. Il faut aussi tenir tout prêt un morceau de charbon de bois pour soutenir en D le verre ramolli, lorsqu'il va s'écouler. On promène la flamme du dard autour de la soudure, qui tout d'abord est grossière, et l'on souffle lentement place par place. Enfin, on agrandit un peu la flamme et l'on chauffe encore une fois le tout. Il est important de construire l'appareil de telle façon qu'on puisse aborder librement la soudure de tous les côtés. Le chalumeau est réuni à la table de travail par deux longs tuyaux de caoutchouc, attachés l'un contre l'autre ; un aide actionne la soufflerie. Lorsque la soudure qui vient d'être terminée se refroidit, les côtés de la courbure en forme de V placée en C s'écartent en proportion de la traction résultant de la contraction qui s'opère.

On peut souder directement des tubes, notamment des tubes capillaires à cassure plane, en appliquant l'une contre l'autre les parties qui doivent être reliées par leur intermédiaire, de telle façon que les tubes, faisant légèrement ressort, se pressent mutuellement par leurs surfaces terminales. On n'a alors besoin que de promener le dard à la périphérie, pour fondre les extrémités ; elles se soudent sur-le-champ et forment joint imperméable à l'air.

On peut de cette manière assembler sans difficulté toute une série d'appareils. Les parties d'un appareil de grande longueur et de poids considérable peuvent être reliées entre elles de la même façon, sans qu'on ait à se préoccuper de la largeur des tubes de raccord. On prépare comme il a été indiqué les parties à souder, et on les maintient au contact avec des pinces, par exemple. Dans la plupart des cas il suffira d'établir la liaison au moyen de joints étanches (*voir* plus loin, p. 145), ce qui facilite beaucoup la construction, et rend très commode le démontage et le montage des appareils, l'addition et la suppression de certaines parties, etc.

5. Préparation des bouchons de verre. — La fabrication et le rodage des bouchons de verre sont plus faciles qu'on ne le croit généralement. On élargit un peu l'extrémité A du tube I (*fig.* 40) avec un charbon taillé en forme de cône, ou l'on fait pour le bouchon une ouverture conique en étranglant faiblement le tube en B près d'un bout et coupant l'extrémité cylindrique suivant la ligne ponctuée C ; dans ce dernier cas, on réchauffe encore une fois l'extrémité et on l'élargit avec le charbon le plus régulièrement possible.

On fait le bouchon avec un tube pas trop mince et

CONSTRUCTION D'APPAREILS COMPOSÉS. 131

d'un diamètre extérieur tel qu'il puisse être facilement enfoncé en A ou B, sans ballotter quand on le tourne. On renfle un peu ce tube en D (*fig*. 40, II) en pressant sur le verre ramolli. On chauffe alors le point voisin de D, on presse de nouveau et l'on renfle de nouveau le verre, mais moins que tout à

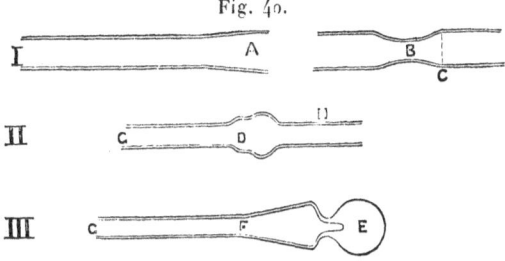

Fig. 40.

l'heure. On continue ainsi en renflant chaque zone un peu moins que la précédente, et l'on fond ensemble tous ces renflements, de manière à obtenir finalement un cône dont la grosseur et la forme correspondent autant que possible à celles de l'orifice qui vient d'être préparé. Cette partie destinée à constituer le bouchon peut être un peu plus grosse que l'orifice du tube destiné à la recevoir, de sorte que la portion la plus mince de D puisse seule être introduite en A ou B. On sépare alors le tube en H, on chauffe le verre jusqu'à ce qu'il se rassemble en une masse compacte, que l'on presse avec une pince plate pour faire la tête E (*fig*. 40, III). On chauffe encore une fois et l'on refroidit bien.

Pour roder III dans A ou B (*fig.* I), on mouille B avec de l'essence de térébenthine fraîchement distillée dans laquelle on a dissous un peu de camphre, on saupoudre d'émeri la surface humide, et l'on rode le bouchon ; l'extrémité G, qui passe juste dans A, permet de bien diriger l'opération. Il faut faire tourner le bouchon toujours dans le même sens, et non d'un mouvement alternatif. Au début, on renouvelle fréquemment la poudre ; mais, si le bouchon est d'abord un peu trop enfoncé, on évite d'employer de l'émeri neuf : la poudre dont on a usé d'abord devient de plus en fine grâce au rodage lui-même, et donne par suite des surfaces plus unies que l'émeri neuf. Pour le polissage définitif, on peut aussi employer d'autres poudres dures, encore plus fines. [On recommande, par exemple, le tripoli (¹)].

(¹) L'addition du camphre dans le rodage du verre est très importante. Malgré sa nature cassante, le verre, attaqué par une lime qui a été humectée d'une solution de camphre dans la térébenthine, se comporte presque comme un métal. On peut de cette manière percer sans difficulté des plaques de verre à la lime. (H. E.)

Il est même relativement facile de percer dans des surfaces courbes (parois des cloches à vide, par exemple) des trous d'un diamètre déterminé. On perce avec un foret trempé dans la solution indiquée, en interrompant souvent le travail pour humecter le foret. Il faut aller doucement, surtout vers la fin, sous peine d'écailler le verre au moment où la pointe du foret dépasse la surface inférieure. On amène le canal au diamètre voulu au moyen d'une queue-de-rat fine (imbibée d'essence, naturellement), avec laquelle on attaque les génératrices les unes après les autres, en lui donnant un léger mouvement de

C'est seulement quand le bouchon enfonce exactement, que l'on sépare et fond l'extrémité F. Il faut employer la flamme avec beaucoup de précaution, car le verre usé à l'émeri se brise facilement quand on le chauffe. Aussi vaut-il mieux se contenter de couper les tubes et de limer les bords avec une lime trempée dans de l'essence de térébenthine.

Les bouchons de flacons sont faits d'une manière un peu différente; cependant on peut aussi à l'occasion préparer comme il vient d'être dit un nouveau bouchon pour un flacon; des bouchons entrant mal peuvent très bien être rodés après coup avec de l'émeri et la solution de camphre dans l'essence de térébenthine.

EXERCICE : *Construction d'un appareil à électrolyse* (*d'après A.-W. von Hoffmann*). — Nous allons décrire encore les manipulations précédentes, notamment le scellement d'électrodes et la confection de robinets, à propos de cet appareil composé, très important, mais à la vérité d'une construction un peu plus difficile. La préparation de robinets sans fuite est ce qui donnera le plus de peine.

On prend deux tubes de 35^{cm} de longueur et de 14^{mm} de diamètre, A, A (*fig.* 41); on adapte deux

---

va-et-vient dans le sens de ces génératrices. En faisant tourner la lime autour de son axe pour la forcer à passer à travers l'ouverture, on provoquerait à peu près sûrement une fêlure du verre. (P. L.)

robinets T, T aux extrémités B, on étire les autres extrémités, et on les coupe très court, comme en D. Par chacune des ouvertures D ainsi obtenues on introduit une lame de platine longue et mince CC, assujettie à un fil de platine (¹), et on la scelle. On dirige les électrodes de telle façon qu'elles pénètrent exactement au milieu de l'extrémité des tubes, et l'on souffle de l'autre bout à travers les robinets, de manière à arrondir le fond comme en E.

On ouvre ensuite latéralement en J, J les tubes A, A, et on les soude au court tube de verre K, de 14^{mm} de large environ, qui a déjà été soudé au tube T, muni à sa partie supérieure de la sphère R. Le mieux est de souffler R dans un fragment de

---

(¹) On peut facilement souder à un fil de platine une lame de platine chauffée au rouge. Pour avoir une bonne liaison, on nettoie la lame et le fil, on perce dans la lame, dans la direction où doit être attaché le fil, deux ou trois trous avec une épingle, et l'on fait passer le fil dans ces trous de telle manière que la lame soit solidement fixée au fil, et que l'on ait tout d'abord une liaison grossière. On les chauffe alors au chalumeau, on amène rapidement la lame sur une petite enclume placée tout près, ou tout au moins sur un objet en fer ayant une surface plane, et l'on réunit les deux morceaux de métal par un coup de marteau fort et rapide. On soude encore ainsi les lames sur lesquelles on veut introduire dans les flammes, pour les colorer, de grandes quantités de sels. On les perce à l'aide d'une épingle, afin que la flamme du brûleur de Bunsen puisse atteindre toutes les parties du sel, et on les plie en forme de cuiller; de semblables petites cuillers de platine, remplies de sels métalliques, donnent aux flammes des colorations plus durables et plus intenses que les perles de sel fondues sur des boucles de fil de platine. (H. E.)

CONSTRUCTION D'APPAREILS COMPOSÉS. 135

tube plus large fixé à l'extrémité de T; le col de la sphère est alors formé de l'autre extrémité du tube plus large; on renfle et l'on recourbe un peu le bord

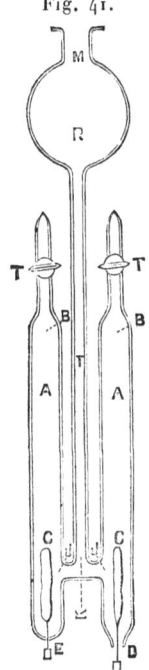

Fig. 41.

supérieur. Pour souder J, J avec K, le mieux est de fermer M par un bouchon, et d'insuffler l'air par l'un des robinets T. Toutes les soudures, notamment en J, J, doivent être bien refroidies. On peut également commencer par relier à K les tubes A, A, et souder ensuite les électrodes en D et E. A certain point de vue, cela est peut-être un peu plus facile, cependant il vaut toujours mieux faire en dernier lieu les soudures J, J, parce qu'elles peuvent se briser bien plus facilement que les autres quand on les soumet encore à un chauffage supplémentaire.

CINQUIÈME SÉRIE D'EXERCICES.

CONSTRUCTION DES APPAREILS A VIDE.

TUBES A VIDE.

Le besoin de posséder une certaine habileté dans le travail du verre se fait sentir de la manière la plus impérieuse, lorsqu'on s'occupe de travaux sur les apparences si variées, si belles et si importantes que présentent les gaz sous l'influence des décharges électriques, des oscillations électriques ou des courants alternatifs de haute fréquence, comme dans les expériences de Tesla, par exemple. Quand on veut entreprendre sur ces sujets des recherches personnelles, on ne peut guère songer à faire constamment appel au souffleur de verre. Pour les expériences de démonstration, on peut également confectionner soi-même une masse de beaux appareils qu'on ne pourrait acquérir qu'au prix de dépenses considérables. A la vérité, quelques-uns de ces travaux ne sont pas faciles, car il y faut une grande propreté, et de grandes précautions pour souffler et refroidir; le plus petit canal, à peine visible, qui ne serait pas complètement fermé, la plus fine fêlure formée après le refroidissement, peuvent détruire le vide et faire échouer les expériences. Dans ce Chapitre nous indiquerons progressivement, en allant du facile au difficile, ce qu'il y a de plus important à connaître relativement aux recherches sur le vide.

1. Construction d'ampoules à vide et de tubes à vide sans électrodes.

— D'après les recherches les plus récentes, recherches dont l'importance s'accroît toujours même au point de vue de l'Électrotechnique, sur l'illumination des gaz raréfiés dans un champ électrique où les forces électriques éprouvent des variations continuelles et très rapides (oscillations hertziennes, décharges oscillantes des condensateurs, courants alternatifs de haute fréquence), on n'a pas besoin d'amener jusqu'aux gaz des conducteurs métalliques; une sphère où le vide est poussé assez loin s'illumine dans un champ de cette nature (après que l'on a fait éclater sur sa surface quelques étincelles). Veut-on obtenir des lueurs dans des tubes, on ferme à l'une de ses extrémités un tube (pas trop étroit!) bien nettoyé et séché, en renflant un peu pour mieux faire l'extrémité du tube en forme de boule, et l'on soude à l'autre bout un tube de sûreté de même axe, que l'on étrangle un peu immédiatement après le point de soudure. Par l'intermédiaire de ce tube on soude le tube large à la machine pneumatique, et l'on pousse le vide assez loin pour qu'il ne reste plus que des traces de vapeurs de mercure. On chauffe alors l'étranglement avec précaution dans la flamme éclairante d'un brûleur Bunsen, on passe à la flamme bleue, et l'on sépare le tube de la machine en tirant doucement. On fond jusqu'à les transformer en petites sphères les fils de verre qui se forment. On obtient ainsi des tubes excellents, c'est-à-dire des tubes qui (après une excitation préalable au moyen de quelques étincelles frappant leur paroi externe) s'illuminent dès qu'ils sont exposés à des oscillations électriques ([1]).

Pour renforcer l'effet, on colle à l'extérieur des anneaux de papier d'étain et l'on amène à ces derniers l'excitation électrique. On obtient ainsi les tubes à décharges avec armature (électrode) externe, nommés *tubes de Gassiot* ou *de Salet*.

Il est avantageux de sceller avec des plaques de verre ou de métal les ampoules à gaz raréfiés dans lesquelles on veut introduire des objets. Sur des tubes de 3^{cm} à 4^{cm} de large on soude des tubes latéraux, et l'on coupe des morceaux de longueur

---

([1]) Sur ce sujet et sur ce qui suit, *voir* les recherches de Wiedemann et Ebert dans les *Annales de Wiedemann*, 1893-1894. (H. E.)
Conclusions résumées dans le *Journal de Physique*, 3me série, t. IV. (P. L.)

voulue (p. 40). On courbe les bords et on les aplanit par pression sur une plaque de fer. On enduit alors régulièrement de cire à cacheter un des bords, on chauffe une plaque de verre ou de métal de 5^{cm} à 6^{cm} de diamètre, on la pose sur la table et l'on presse contre elle le bord un peu chaud. Si la cire a été bien disposée partout, la fermeture est tout à fait hermétique après le refroidissement. On découvre facilement les petits canaux pleins d'air ou les fêlures d'une plaque de verre, en examinant la fermeture à travers la plaque. Les bords des tubes n'ont donc pas besoin d'être doucis. On soude le tube à la machine pneumatique par l'intermédiaire du tube latéral, après l'avoir un peu étranglé en un point. Après avoir fait le vide, on le scelle.

2. Préparation des tubes de Geissler. — Les tubes à décharges dans l'intérieur desquels arrivent des conducteurs métalliques (électrodes) sont appelés *tubes de Geissler,* du nom de leur premier constructeur, le souffleur de verre Geissler, de Bonn. Nous avons déjà décrit plus haut la manière de sceller les électrodes; si l'on exécute cette opération sur un appareil hermétiquement clos devant être lié à la machine pneumatique, on obtient un tube à vide de Geissler.

Tubes de Geissler simples, à électrodes mastiquées. — Sur un tube large, de 3^{cm} à 4^{cm} de diamètre, on soude d'abord, de manière à former un T, un tube de sûreté plus étroit, au moyen duquel on puisse relier le tube large à la machine pneumatique; on soude ensuite à ses deux extrémités, convenablement rétrécies, deux tubes de sûreté ayant même axe; on enfonce dans ces derniers deux morceaux de tube capillaire qui y passent exactement. Dans les canaux de ces tubes on mastique d'abord les fils conducteurs (en platine, ou mieux en aluminium); on les introduit alors eux-mêmes dans les tubes de sûreté où on les mastique en chauffant légèrement; la cire à cacheter ramollie doit être disposée dans les tubes de sûreté sur une grande longueur. Il faut enfoncer un peu les fils conducteurs et les tubes capillaires dans le tube large, afin que la décharge électrique ne puisse venir nulle part en contact avec la cire à cacheter.

Tube de Geissler simple à électrodes soudées. — On souffle une sphère à l'une des extrémités

Fig. 42.

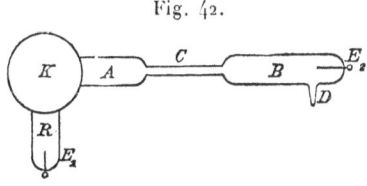

d'un large tube A (*fig*. 42), on y soude un tube R court et pas trop étroit, et dans ce dernier on soude une électrode E_1. On étrangle alors A, et l'on y soude un court morceau d'un tube capillaire C pas trop étroit. Dans le tube employé d'abord, on coupe un second morceau B auquel on soude un tube de sûreté latéral D. On ferme alors une extrémité et l'on y adapte une deuxième électrode E_2; enfin on rétrécit aussi B et on l'adapte au tube capillaire C, en soufflant par D. On étrangle alors D au voisinage de B, on le soude à la machine pneumatique et l'on fait le vide. On fait passer dans le tube E_1 E_2 le courant secondaire d'une bobine d'induction pour reconnaître le moment où la pression a la valeur convenable, et on le fond à l'étranglement. En regardant le tube capillaire C à travers la sphère, on doit voir un point lumineux très brillant (tube à décharges à vision directe).

Tube de Geissler plus compliqué. — On soude en A un tube un peu plus large que M (*fig.* 43), on étire son autre extrémité et l'on en souffle une sphère L; on soude alors l'électrode R.

On souffle une sphère N semblable, mais plus grande, dans un large tube que l'on ajuste entre deux tubes de même diamètre que M. On coupe en B l'un de ces tubes, et l'on soude N à M en cet endroit. On prépare Q de la même manière que L, on soude une électrode R, et l'on adapte le tube de sûreté qui est indiqué en F par une ligne ponctuée.

Pour augmenter l'effet lumineux que donne le tube, on établit dans l'axe du tube O, de même diamètre que M, un tube plus étroit P : on commence par souder P à un tube plus large en D; on souffle la soudure aussi soigneusement que possible, de manière que le verre soit partout mince et régulier,

Fig. 43.

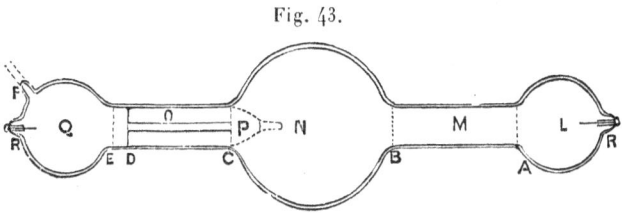

et l'on coupe en D. On prend alors le tube O qu'on laisse plus long que P, de façon qu'il le dépasse des deux côtés, et on le rétrécit un peu près d'une de ses extrémités, de sorte que la partie large de D s'y applique exactement. On assujettit alors P à l'intérieur de O au moyen d'un bouchon percé un un peu lâche, et l'on ferme l'extrémité N de O, soit, comme la figure l'indique, en rétrécissant et fondant O, soit au moyen d'un bouchon. On soude P dans O en chauffant en D; on souffle par l'extrémité opposée à N. Cela fait, on coupe O près de D, en E par exemple, et l'on soude en cet endroit O à la sphère Q, en insufflant de l'air par F. On coupe alors O en P, de telle façon que le tube intérieur, plus étroit, dépasse un peu O, on enlève le bouchon qui avait maintenu P dans O, et enfin on soude O à N en C. On introduit alors par F un gaz quelconque, on lave plusieurs fois le tube entier en épuisant totalement le gaz et le laissant rentrer alternativement, et, quand la pression est devenue assez faible, on fond en F. Les décharges de la bobine, que l'on envoie dans un pareil tube, sont condensées par P, et la lueur y est considérablement accrue.

Exercice : *Préparation d'une lampe à incandescence de Tesla à un seul pôle*. — Les courants à haute fréquence n'exigent qu'un seul fil conducteur ; on peut donc avec eux utiliser une lampe à incandescence *unipolaire* (Nicolas Tesla). Un large tube est soudé par ses extrémités à deux tubes plus étroits, et renflé en forme de sphère. Dans un tube de sûreté passant librement dans les tubes adaptés à la sphère, on soude au cristal un fil de platine. Ce tube de sûreté est fixé au moyen d'une double soudure dans l'axe de l'un des tubes de la sphère, et de telle façon que le fil de platine qui dépasse le tube de sûreté soit au milieu de la sphère. L'autre tube est fortement étranglé au voisinage de la sphère, l'appareil est soudé à la machine pneumatique, épuisé à fond, puis séparé. Si l'on enfonce dans le tube de sûreté un fil qui amène des courants alternatifs à forte tension et de grande fréquence, le fil de platine à l'intérieur de la sphère montre les phénomènes appelés *cathodiques,* et arrive au rouge blanc. Il est bon de mastiquer sur la sphère une calotte en papier d'étain à laquelle on amène l'autre fil du transformateur.

APPAREILS AUXILIAIRES POUR LES TRAVAUX A LA MACHINE PNEUMATIQUE.

Pour pouvoir relier commodément à la machine à mercure ou en séparer les tubes à vide, on a besoin d'une série d'instruments dont la confection concerne spécialement le souffleur de verre.

1. Joints rodés. — Un joint rodé sert à réunir hermétiquement deux pièces de verre.

Forme habituelle. — Le joint (*fig.* 44) se compose de deux morceaux de tube; l'un, R_1, est élargi

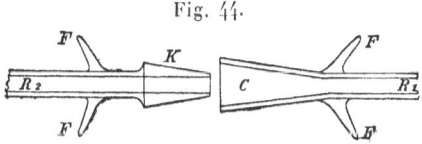

Fig. 44.

à son extrémité en forme de cône creux C, dans lequel peut passer le cône renflé K, placé à l'extrémité du second tube R_2, et soigneusement rodé. Les quatre appendices latéraux F, F, F, F servent à fixer des rubans de caoutchouc qu'on y tend fortement lorsque le joint est assemblé, afin d'éviter un relâchement spontané. S'il s'en produisait à la suite de secousses, les liens de caoutchouc ramèneraient les pièces au contact.

Il est extrêmement difficile et pénible de faire des joints utilisables, c'est-à-dire hermétiques.

Le moyen le plus sûr d'atteindre le but est le suivant : On fait des moules en plâtre ayant la grosseur des parties positive et négative du joint que l'on veut construire ; quand le plâtre est parfaitement sec, on peut sans danger mettre le verre chaud en contact avec lui. On souffle alors dans le moule creux l'extrémité K du joint, on élargit suffisamment avec la matrice conique l'extrémité C correspondante et l'on soude les appendices F. Après avoir refroidi avec précaution, on tourne les deux parties l'une dans l'autre, en les séparant d'abord par de l'émeri grossier, puis par des poudres de plus en plus fines. Le dernier rodage demande quelque habitude ; cependant des joints mal réussis peuvent être encore utilisés, lorsqu'on les rend imperméables à l'air au moyen de mercure, comme on l'indique page 149 ; il faut seulement qu'ils ne vacillent pas l'un dans l'autre. Si l'on achète les joints tout construits et si les appendices F n'y ont pas été fixés, on peut les placer soi-même facilement ensuite. On chauffe avec précaution chacune des deux pièces du joint, on chauffe ensuite jusqu'au ramollissement l'extrémité d'une baguette de verre pas trop épaisse, et l'on presse sur le tube sa surface terminale supérieure. Le verre adhère fortement; on donne à la baguette l'inclinaison voulue, et on la fond à petite distance au moyen d'un dard fin; un crayon de charbon de bois permet de rectifier encore un peu la position de l'épine qui reste; on arrondit sa pointe dans la flamme. Si l'adhésion présente des difficultés (ce qui peut arriver quand les verres sont notablement différents), on coupe un peu plus court les pièces du joint et l'on soude à chacune d'elles un tube en T; on ferme les pièces transversales et l'on s'en sert pour enrouler les rubans de caoutchouc. Pour que les surfaces rodées ferment hermétiquement, il faut les graisser (¹).

On enduit le cône K d'une couche de graisse

(¹) Pour graisser les joints rodés et les robinets de verre, on emploie d'ordinaire un mélange de cire et de saindoux non salé; on fond au bain-marie. Les proportions relatives sont déterminées par la température de l'enceinte dans laquelle les joints doivent être utilisés: on distinguera donc, par exemple, une graisse d'été et une graisse d'hiver; la première contient plus de cire, la seconde en contient moins, et toujours dans une proportion telle que la graisse ne soit ni trop solide, ni trop liquide. On décante la masse fondue dans un vase fermant bien, pour se débarrasser de la crasse qui s'est déposée au fond, ou bien on la verse dans des tubes hors desquels on la chasse au moyen d'un piston. La vaseline pure ne convient pas à cause de sa consistance insuffisante.

On peut rendre un joint rodé complètement étanche au moyen de caoutchouc brûlé, ce qui n'est avantageux que lorsque le joint doit rester longtemps assemblé. Si un joint doit résister à l'action de l'éther, on le saupoudre d'anhydride phosphorique bien propre, et l'on tourne K dans C, de manière à étendre la couche de graisse sur toute la surface. Le joint doit, si c'est possible, pouvoir être complètement tourné sur lui-même plusieurs fois, ce qui est à considérer dans l'établissement d'un assemblage d'appareils. On fait mouvoir les deux pièces du joint, en exerçant en dernier lieu une certaine pression, suivant l'axe naturellement, jusqu'à ce que le joint tout entier soit devenu parfaitement transparent, et qu'il ne se montre nulle part des taches, des traînées ou des stries grises. Pour en reconnaître les dernières traces, on place une lumière derrière le joint.

Le meilleur criterium pour l'étanchéité d'un joint est qu'en employant une graisse homogène et pas trop dure, il soit possible de faire disparaître des surfaces juxtaposées, par une rotation continue et suffisamment prolongée, toute trace de stries grises. Quand les surfaces joignent mal, on le reconnaît à l'apparition de taches blanches. L'inconvénient du graissage est qu'une certaine quantité de corps gras pénètre inévitablement dans l'intérieur

---

et on l'expose à l'air assez longtemps pour que l'anhydride se soit agglutiné, grâce à l'absorption de l'humidité. Il doit ensuite être complètement soustrait à l'action de l'air.

On fait disparaître un graissage ancien par un lavage à la benzine ; les deux parties du joint sont parfaitement séchées au papier buvard. En présence des substances qui dissolvent les corps gras, on peut recommander, comme enduit pour les joints et les robinets, la solution de sucre dans la glycérine. (H. E.)

CONSTRUCTION DES APPAREILS A VIDE.   149

de l'appareil. On ne peut alors jamais en éliminer complètement les carbures d'hydrogène. On y remédie de la manière suivante.

Joints au mercure. α. FORME SIMPLE. — La partie K d'un joint ordinaire (*fig*. 44), qui doit être placée verticalement vers le haut, est enfoncée dans un bouchon qui entoure étroitement le tube à peu près en R_2; on fixe sur le bouchon un morceau de tube plus large, assez long pour dépasser l'extrémité K. Quand C est en place, on verse du mercure dans cette sorte de cuvette. Le joint est ainsi rendu étanche. Mais, comme le verre n'est pas mouillé par le mercure (surtout lorsqu'ils sont tous deux parfaitement propres), l'air pourrait pénétrer par capillarité entre le mercure et la paroi de verre. Pour l'empêcher, on verse sur le mercure une couche d'acide sulfurique concentré ou de glycérine. Le mercure lui-même ne pénètre pas entre deux parois de verre bien rodées l'une sur l'autre.

β. JOINT A COUPE. — Sur le cône creux A de la partie inférieure (*fig*. 45) on souffle un évasement en forme de coupe, et l'on rode B dans A. On assure l'étanchéité en versant du mercure dans la coupe, comme en α.

Pour pouvoir enlever commodément le mercure, on presse un peu la partie A sur le fond de la coupe, pendant qu'on la façonne, de manière que ses parties les plus profondes forment une rigole autour du joint, et l'on adapte latéralement un bout de tube. On relie à ce tube, au moyen d'un caout-

Fig. 45.

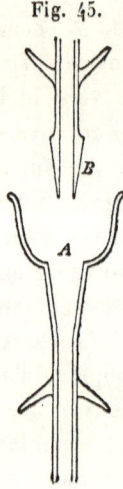

chouc, un vase contenant du mercure et ouvert à sa partie inférieure; on peut ainsi remplir et vider la coupe en élevant et abaissant le réservoir à mercure.

γ. Joint normal de W.-A. Kahlbaum. — Autour de la partie interne U (*fig.* 46) placée en bas (la douille), on souffle, par les procédés décrits sous le nom de *double soudure,* une coupe B. La partie supérieure O est enfoncée sur la douille, on en-

CONSTRUCTION DES APPAREILS A VIDE. 151

roule les bandes de caoutchouc sur les appendices a, et l'on remplit de mercure la coupe B. Il faut, dans l'établissement de l'appareil entier, tenir compte

Fig. 46.

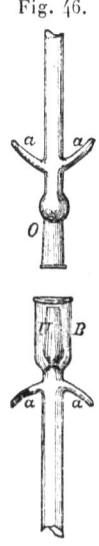

de l'inconvénient qui se présente encore ici, de ne pouvoir placer le joint que dans la position verticale.

2. **Robinets**. — Pour isoler les enceintes à vide de la machine pneumatique, de l'atmosphère extérieure ou des appareils où l'on prépare les gaz, ou pour les isoler les unes des autres, on emploie des robinets de verre tenant bien, qui, avant tout, ne

laissent pas pénétrer l'air de l'extérieur à l'intérieur de l'appareil le long de la clef. La confection d'un bon robinet à vide demande tant de temps, qu'on préfère les acheter tout faits chez les souffleurs de verre. Si l'un des robinets achetés, même après un graissage soigneux, ne tenait pas bien, il faudrait le roder avec de la térébenthine (tenant en dissolution un peu de camphre) et de l'émeri, et terminer encore le polissage avec les poudres les plus fines.

Ce qui a été dit à propos des joints s'applique également au graissage des robinets; le meilleur

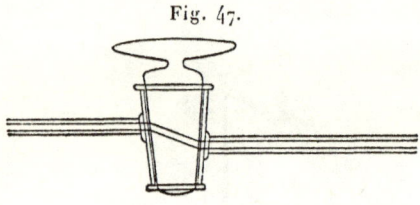

Fig. 47.

criterium d'une bonne étanchéité est encore ici la disparition des stries grises sur les surfaces en contact; un robinet bien graissé et soigneusement tourné doit être parfaitement transparent.

L'air passe d'un tube à l'autre, principalement en tournant autour de la clef. Pour rendre ce passage plus difficile, on construit des robinets (*fig*. 47) dont le canal est un peu incliné de bas en haut; le chemin que l'air a à parcourir est ainsi rendu plus long.

CONSTRUCTION DES APPAREILS A VIDE.   153

On évite de la manière suivante les inconvénients du graissage.

Robinets avec fermeture au mercure. — Le boisseau conique du robinet est élargi vers le haut en forme de coupe, que l'on remplit de mercure. Nous n'indiquerons que les formes suivantes :

α. ROBINET DE CETTI (*fig.* 48). — La partie inférieure du boisseau B est fermée, la partie supérieure

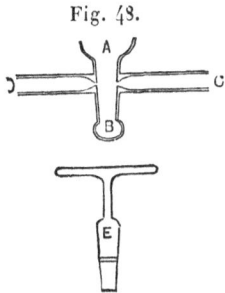

Fig. 48.

façonnée en forme de coupe. E est la clef perforée.

β. ROBINET D'EILOART. — La clef d'un robinet ordinaire est munie, au-dessus et au dessous du canal, de deux rigoles circulaires que l'on remplit avec du mercure et un peu de glycérine. Les fuites sont indiquées par la pénétration de bulles d'air dans les rigoles. Le robinet peut être employé dans toutes les positions, l'étanchéité est parfaite.

154 CINQUIÈME SÉRIE D'EXERCICES.

γ. Robinet de Gimmingham. — Un tube A (*fig.* 49) est rodé dans le col du tube B élargi en haut en forme de coupe ; les hachures du dessin représentent les surfaces rodées qui se correspondent. B est fermé en bas et son extrémité inférieure est rodée dans le

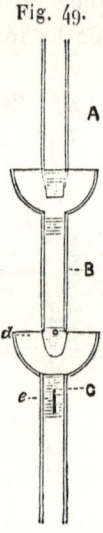

Fig. 49.

col du tube C, également évasé en forme de coupe. B est percé, sur la surface rodée inférieure, d'un petit trou *d*. Dans la paroi interne rodée de C qui lui correspond, on a creusé une rainure longitudinale *e*, de telle sorte que, lorsque B est introduit en C et que *d* tombe sur *e*, une communication est établie entre B et C. Pour l'usage, on assemble A,

B et C, on verse du mercure dans les coupes de B et de C, et la communication entre les deux vases reliés à A et C est supprimée ou établie par la rotation de B autour de son axe, qui éloigne d de la rainure e ou l'amène sur cette rainure.

δ. ROBINET DE KAHLBAUM. — D'après W.-A. Kahlbaum, on obtient une étanchéité parfaite par la disposition suivante (*fig.* 50). On élargit en forme

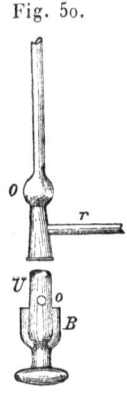

Fig. 50.

de cône, et par en bas, le tube O qui doit être placé verticalement, on soude le tube latéral r, et l'on introduit par-dessous, dans le cône, la clef U. Autour du noyau on dispose, suivant les procédés décrits (double soudure), la coupe B, et l'on pratique dans le noyau U un canal o à une hauteur telle que, si on l'introduit dans O, le canal se trouve un peu au-dessous de *r*. La concordance exacte de l'ouverture *o* et du tube latéral *r* est atteinte par le rodage du robinet. Pour que le robinet ne se brise pas pendant cette opération, il faut que O ait été bien refroidi après la soudure de *r*. Si l'on soude à O de la même manière deux tubes latéraux, on obtient un robinet à trois voies. La clef U introduite par en bas se maintient en O, l'étanchéité est assurée par la présence du mercure dans la coupe B. Ces robinets ne sont pas faciles à faire ; on peut les trouver tout prêts, ainsi que les joints de Kahlbaum, chez M. Kramer, à Fribourg en Brisgau, ou chez les successeurs de E. Leibold, à Cologne.

3. **Connexions pour appareils à vide.** — Avec les grands appareils qui doivent être épuisés par la machine à mercure, on a souvent besoin de pièces intermédiaires spéciales, qui facilitent le montage de l'appareil tout entier et assurent sa stabilité.

Connexions étanches. — La liaison la plus simple et la plus commode entre deux parties d'un appareil à vide de grandes dimensions se fait au moyen de joints ; elle présente cet avantage que, même après la raréfaction, on peut tourner les pièces autour de l'axe du joint. Si cela n'est pas nécessaire et si l'on veut réaliser une connexion de longue durée, on la rend étanche avec du mercure.

Soit, par exemple, à réunir entre eux sans fuite

les deux tubes A et B (*fig.* 51); on fait, au moyen d'un tube plus large, un entonnoir F que l'on rétrécit juste assez à sa partie inférieure pour que A puisse y passer : on le munit inférieurement d'un bout de tube de caoutchouc E, et on le fait glisser sur A; on assujettit B sur A au moyen d'un caout-

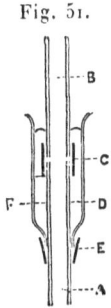

Fig. 51.

chouc C qui les serre étroitement, on fait monter F vers le haut au moyen de E, jusqu'à ce que le bord de l'entonnoir dépasse le point de jonction C, et l'on verse dans la coupe F du mercure et une petite couche d'acide sulfurique ou de glycérine; la surface libre du mercure doit être au-dessus du bord supérieur de C. Si le tube de caoutchouc C doit encore être assujetti par des fils, on les prend en fer recuit, et non en cuivre. Pour faire la ligature, on entoure le caoutchouc d'une bande de toile, on enroule les fils et l'on tire fortement, en tordant les extrémités libres avec la pince plate.

Les tubes horizontaux sont reliés au moyen de la disposition représentée *fig.* 52. Les deux tubes A et B sont maintenus en contact, comme précédemment, par un court raccord en caoutchouc, sur lequel on fait glisser le manchon D, constitué par un tube plus large dont on rétrécit les deux extré-

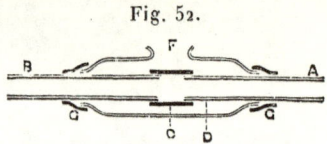

Fig. 52.

mités, et qui présente une ouverture en F. Le tube extérieur est fixé au tube intérieur par les raccords de caoutchouc G, G; enfin, on remplit le manchon de mercure recouvert d'acide sulfurique ou de glycérine. Dans ce cas, comme dans les précédents, la glycérine suffit souvent.

Raccords formant ressort. — Si l'on relie par des joints rodés deux parties d'un grand appareil, il est avantageux d'adapter deux de ces joints aux extrémités d'un tube de sûreté plié en forme de Z, de façon que leurs axes soient parallèles; on peut alors soulever et abaisser et en même temps déplacer un peu latéralement l'appareil qui y est fixé, sans compromettre la sûreté de la liaison. En général, quand un joint rodé doit servir à ajuster un appareil de grande dimension et difficile à mouvoir, on le relie toujours avec un tube plus long, courbé pour mieux faire en forme de Z, que l'on chauffe avec un brûleur à flamme plate ; pendant que le verre est encore pâteux, on enfonce la partie du joint qui lui est adaptée dans la partie correspondante.

De plus, on doit recommander d'intercaler des tubes en spirale (*voir* p. 107) pour réunir les parties d'un appareil placées au loin et notamment sur des supports qui ne sont ni tout à fait à l'abri des secousses, ni tout à fait stables. Ces spirales, lorsqu'elles sont faites de tubes étroits et minces, possèdent une élasticité considérable. Il est vrai que le vide ne se fait que très lentement à travers des tubes de communication longs et étroits.

On obtient plus simplement un résultat analogue au moyen des *ressorts de verre*. Un tube de sûreté à paroi aussi mince que possible et de grande longueur est d'abord courbé à angle droit en son milieu M (*fig.* 53) dans la flamme fumeuse et plate d'un bec fendu ; on courbe ensuite chacune des deux moitiés en forme d'U, de façon que les deux U soient dans le même plan. Les côtés extérieurs, un peu plus longs, des deux U sont enfin courbés à angle droit sur le plan commun, l'un d'un côté, l'autre de l'autre, comme dans la *fig.* 53, où E_1 doit être considéré comme perpendiculaire au plan du dessin et en arrière, E_2 en avant. Un tube ainsi disposé peut s'allonger beaucoup dans la direction des extrémités recourbées. Il est de plus avantageux de courber les extrémités E_1 et E_2 de telle manière qu'elles soient exactement en prolongement l'une de l'autre; on y soude alors des joints rodés que l'on peut ajuster hermétiquement en tournant le

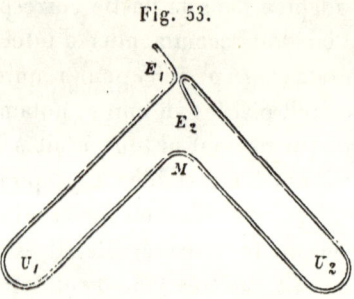

Fig. 53.

ressort entier autour de E_1 et E_2 comme axes. Cette forme de ressorts de verre a été décrite pour la première fois dans les recherches que Kundt et Warburg ont faites en commun sur la chaleur spécifique de la vapeur de mercure; nous les appellerons dès lors *ressorts de Kundt-Warburg*.

Fermeture au mercure. — Dans des recherches spéciales, où il faut atteindre la plus grande pureté pour les gaz ou le vide le plus complet dans les enceintes évacuées, la fermeture au moyen des robinets n'est pas assez sûre, notamment si l'on doit rester longtemps sans y toucher. Avec des robinets ordinaires, on est gêné par les vapeurs grasses inévitables. On dispose alors des ouvertures qui

CONSTRUCTION DES APPAREILS A VIDE. 161

puissent être dégagées ou obturées par les mouvements d'une colonne de mercure.

α. FORME SIMPLE. — Les parties d'un appareil qui doivent être reliées l'une à l'autre, un appareil à dégagement de gaz et une enceinte à vide, par exemple, sont munis de tubes de sûreté qui se rejoignent par en bas comme les branches d'un V.

Au point de réunion est soudé un troisième tube mis en communication, au moyen d'un tube de caoutchouc, avec un vase contenant du mercure. Si l'on soulève ce vase, le mercure monte dans l'angle du V et interrompt la communication entre les deux côtés ; elle est instantanément rétablie quand on abaisse le vase.

β. FERMETURE AVEC CHAMBRE A AIR. — Avec la forme précédente, des bulles d'air sont fréquemment entraînées dans l'appareil par le mercure. On a une plus grande sécurité avec la disposition suivante : Le tube de sûreté G (*fig.* 54), en communication avec l'un des appareils, se recourbe à angle droit vers le bas et aboutit dans un tube plus large I. Cet espace plus large se prolonge vers le haut en un tube plus étroit relié au second appareil. La chambre I se rétrécit vers le bas, s'élargit ensuite en J et se termine enfin par un tube de sûreté qui est légèrement renflé à son extrémité, en K. Un tube de caoutchouc y est adapté et solidement attaché au-dessus de K avec un fil métallique. Le caoutchouc conduit à un vase plein de mercure. Pour empêcher que des bulles d'air n'arrivent avec le liquide dans la chambre I, on a soudé en J un petit tube

Fig. 54.

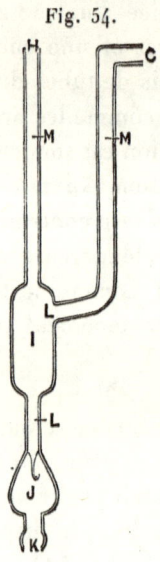

un peu recourbé et terminé en pointe ; l'air se rassemble au-dessus du tube et le mercure seul pénètre en I. On nomme une semblable disposition *chambre à air*.

On la construit également de la manière suivante (*fig*. 55) : le mercure dans, son mouvement d'ascension, coule à travers la sphère A et le petit tube recourbé *ab*, vers D. A doit d'abord être complète-

CONSTRUCTION DES APPAREILS A VIDE.   163

ment rempli de mercure (jusqu'en a). On arrive à

Fig. 55.

ce résultat en abaissant assez le vase à mercure pour

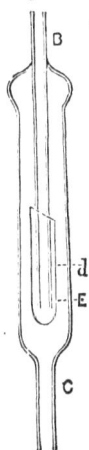

Fig. 56.

que le mercure arrive au-dessous de b; on évacue

alors A et l'on élève de nouveau le vase de manière que le mercure remplisse la sphère tout entière. Il ne faut plus alors abaisser le vase à mercure assez bas pour que le niveau du mercure abandonne la pointe *ab*. Toutes les bulles d'air que le mercure entraîne avec lui viennent en *a* jusqu'à ce que la masse d'air emprisonnée abaisse en *b*, par la pression qu'elle exerce, le niveau du mercure.

Dans la chambre à air (*fig.* 56) le mercure arrive par C et poursuit son chemin en B à travers *d*; le capuchon E placé en avant du tube *d* empêche les bulles d'air qui montent d'y pénétrer; l'air se rassemble à la partie supérieure du large tube après que celui-ci a été complètement rempli de mercure par le procédé indiqué précédemment.

γ. Appareil a hydrogène de Cornu. — Pour remplir les tubes à décharge d'hydrogène préparé par électrolyse sans employer de joints ou de robinets, on emploie, d'après Cornu, la disposition représentée *fig.* 57. FP est un large tube de verre qui se prolonge verticalement au-dessus de P d'une longueur supérieure à celle du baromètre, se recourbe ensuite et se relie au tube à décharges; ce dernier est séparé de la machine pneumatique par une soupape à mercure en V. Pour que les vapeurs de mercure venant de la soupape ou de la machine ne puissent pas arriver dans le tube à décharges, on intercale des deux côtés, après le tube barométrique représenté dans le dessin, de longs tubes remplis de fragments de soufre en canons, puis de tournure de cuivre; le soufre absorbe les vapeurs de mercure, le cuivre les vapeurs de soufre.

A la partie inférieure du tube F est assujetti le tube de caoutchouc FG, à travers lequel le mer-

Fig. 57.

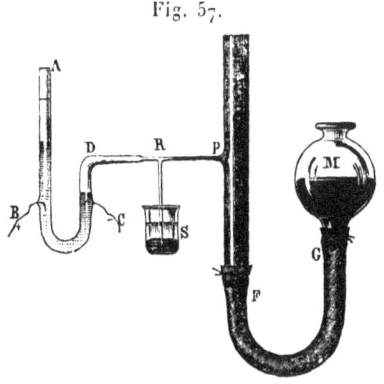

cure du vase M peut entrer en F ou en sortir; pour éliminer les bulles d'air, on dispose en F une chambre à air. En P est soudé latéralement, sur le tube barométrique, un tube capillaire étroit qui se ramifie vers le bas en R, en forme de T. Il s'élargit immédiatement après R, pour former le tube en U, DA, dans lequel s'engagent en C et B deux fils de platine (non terminés par des lames). DA est rempli d'eau pure bouillie, légèrement acidulée par l'acide phosphorique. Au-dessous de R est placé un vase S, dont le fond est occupé par du mercure, surmonté d'une couche d'acide sulfurique concentré ou de glycérine. On fait arriver dans le baromètre le gaz dégagé en C sous l'action du courant, en abaissant M; en élevant M on ferme de nouveau le passage en P. Si la pression de la colonne de mercure est trop forte, un peu de mercure pénètre dans le tube capillaire, mais s'écoule par R dans le vase S. Pour remplir d'hydrogène parfaitement pur un tube spectroscopique, on rattache d'abord à C le pôle positif de la pile. Il se dégage de l'oxygène avec lequel on remplit tout l'appareil. On commence par laver plusieurs fois avec de l'oxygène, on interrompt le courant, on fait pénétrer par P dans le baromètre les dernières bulles de gaz qui naissent en C, et l'on sépare en élevant M. Si l'on fait alors passer à travers le tube à analyse spectrale de fortes décharges, l'oxygène brûle tous les composés du carbone qui pourraient être fixés aux parois de verre. On intervertit alors les pôles, de façon que C devienne l'électrode négative et dégage de l'hydrogène; on fait le vide à fond et l'on fait arriver l'hydrogène dans le tube spectroscopique, après avoir supprimé la communication entre lui et la machine. Si, pendant le passage des décharges, les bandes du spectre qui se produit accusaient encore la présence de carbures d'hydrogène, on remplirait de nouveau le tube d'oxygène, et ainsi de suite. On peut ainsi obtenir de l'hydrogène absolument pur, montrant sur un fond noir les lignes brillantes isolées du spectre de ce gaz.

EXERCICE : *Construction d'une lampe à luminescence d'Ebert.* — Dans l'axe d'un tube large on soude un tube plus étroit D (*fig.* 58) et l'on

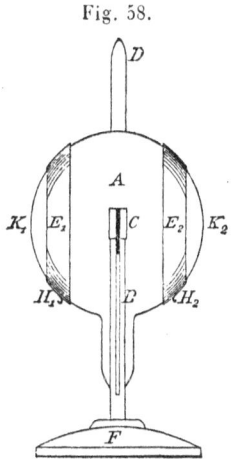

Fig. 58.

souffle à l'extrémité du large tube une sphère A (p. 83). Au moyen d'une substance phosphorescente, on façonne (le mieux est de se servir d'une presse à pastilles) une pastille C, que l'on assujettit avec un fil à l'extrémité d'un tube de sûreté B fermé par en bas. On fixe ce tube dans le tube large au moyen d'une double soudure, de telle façon que la pastille soit au milieu de la sphère A. On soude le tube D à la machine pneumatique, on y fait le vide à fond, et on le sépare. On colle sur la sphère les anneaux de papier d'étain E_1 et E_2 qui portent les petits crochets métalliques H_1 et H_2, et l'on fixe le tout sur un pied en bois F. Si l'on amène aux anneaux E_1 et E_2 des oscillations électriques, il se développe à l'intérieur de la sphère des rayons cathodiques qui, atteignant la pastille, lui communiquent une vive luminescence.

APPENDICE.

Nous décrirons encore, comme Appendice, une série de manipulations qui, à la vérité, ne sont pas en relation directe avec le soufflage du verre lui-même, mais qui cependant ont une grande importance dans le travail du verre et pour l'usage des appareils en verre.

1. **Gravure sur verre.** — On passe une ou deux fois sur les parties à graver un pinceau trempé dans un bon vernis d'asphalte (dissous dans l'essence de térébenthine), on laisse sécher et l'on entaille les traits à dessiner. On appliqué alors, également au pinceau, de l'acide fluorhydrique concentré, on lave à grande eau, on sèche avec du papier buvard, et l'on expose seulement alors le verre aux vapeurs de fluorure d'ammonium. On emploie dans ce but un mélange de fluorure d'ammonium, d'azotate d'ammonium, d'acide sulfurique et d'eau distillée, que l'on peut se procurer dans le

commerce, dans des bouteilles de gutta-percha. On essuie, et l'on nettoie le verre à l'essence de térébenthine. La gravure ainsi obtenue est mate, et le procédé évite l'emploi des vapeurs incommodes d'acide fluorhydrique (Kiss).

On prépare de la manière suivante un autre liquide à graver sur verre. Dans un demi-litre d'eau distillée on dissout : a. 36^{gr} de fluorure de sodium, puis on ajoute 7^{gr} de sulfate de potassium; b. 14^{gr} de chlorure de zinc et l'on verse 65^{gr} d'acide chlorhydrique concentré. Les deux solutions peuvent être conservées dans des fioles de verre ordinaire. On mélange parties égales de a et b, on ajoute quelques gouttes d'encre de Chine, pour pouvoir bien apercevoir l'écriture. Pour faire le mélange, le mieux est de prendre un bloc de paraffine creusé. Avec ce liquide on peut graver sur le verre les traits les plus fins ([1]).

2. Graduation et calibrage des tubes.

— Pour munir un tube d'une graduation, on l'enduit d'une couche de cire aussi régulière que possible, on creuse les divisions dans la couche de cire, et l'on grave les traits.

Graduation en longueurs arbitraires. — S'il ne s'agit que de diviser un tube de longueur don-

---

([1]) *Zeistchr. f. Phys. und Chem. Unterricht*, 1894 (7); p. 304.

APPENDICE. 171

née en un nombre déterminé de parties égales, on y transporte l'échelle d'un compas de proportion (*fig.* 59), qui se compose de deux règles EC et DE mobiles autour d'une charnière; le côté EC est divisé en un certain nombre de parties égales, les divisions partent du bord interne. Soit, par exemple,

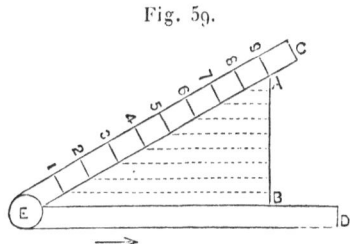

Fig. 59.

à partager une longueur donnée AB en neuf parties égales; on la place dans l'angle CED de façon qu'une de ses extrémités repose sur EC, au trait 9, l'autre extrémité appuyant sur un point quelconque de ED. Toutes les parallèles au bord intérieur ED menées par les divisions équivalentes de EC déterminent sur AB autant de parties égales.

Au lieu de tracer réellement ces parallèles, on fait glisser le côté ED sur le bord d'une troisième règle fixe; on met en place AB sur DE, on ouvre l'angle DEC, de manière que l'autre extrémité de AB soit en face du chiffre de EC qui indique en combien de parties la longueur doit être partagée, on serre fortement en E, et l'on déplace l'angle CED le long de la règle, dans la direction de la flèche ; chaque fois qu'un nouveau trait vient rencontrer la longueur à diviser, on fait une entaille dans la couche de cire.

Graduation en parties de longueur déterminée. — Si les divisions doivent avoir une longueur déterminée, 1^{cm} ou 1^{mm} par exemple, l'échelle doit être empruntée à une règle graduée. Pour faire le transport on emploie plusieurs dispositions.

α. Transport de l'échelle au moyen du compas a verge. — Le tube B à graduer et l'échelle A à copier (*fig.* 60) sont introduits dans une rainure

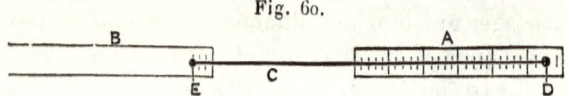

Fig. 60.

creusée dans une planche, et y sont maintenus par des ressorts en laiton. La tige de bois C porte en D une pointe, en E un burin dont le tranchant est perpendiculaire à la direction de la tige. D est placé successivement sur toutes les divisions de l'échelle ; le tranchant de E pratique dans la couche de cire les entailles correspondantes.

β. Transport de l'échelle au moyen de l'équerre a coulisse. — Le long de la double règle ABBA (*fig.* 61) on déplace la plaque triangulaire DLL, en tôle rigide, qui est dirigée le long du bord A par le guide DD (*voyez* la figure auxiliaire 2, où l'instrument est dessiné, vu par dessous, à

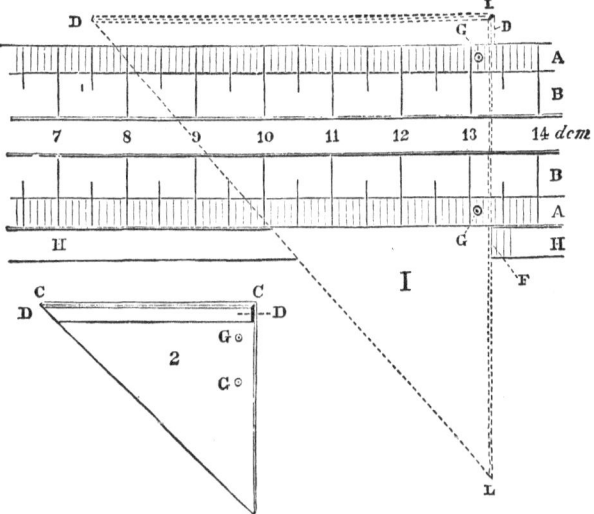

Fig. 61.

une échelle réduite). Dans les deux trous G, G, également distants du bord LL, sont engagées deux chevilles qui s'enfoncent dans les divisions de la règle graduée, au moyen de deux pointes dépassant un peu la partie inférieure de la plaque. Le tube HH est placé le long de la règle, les traits sont entaillés au moyen d'un burin conduit le long de LL (Ramsay).

174   APPENDICE.

γ. Transport de l'échelle au moyen de la machine a diviser. —. Le plus sûr est de graduer le tube avec la machine à diviser. Quand on tourne une vis de pas très régulier, un chariot muni d'un traçoir avance d'une longueur déterminée. Si le pas de la vis est connu, on peut, en tournant d'angles égaux et convenablement choisis, entailler avec le traçoir des traits exactement équidistants.

Graduation en parties d'égal volume (*calibrage des tubes mesureurs*). — Souvent, dans les eudiomètres par exemple, on veut lire directement les volumes sur la graduation; on divise alors le tube par des traits qui désignent des capacités égales du canal du tube, des centimètres cubes par exemple. Ces traits ne sont équidistants que si le tube est bien *calibré,* c'est-à-dire s'il a partout la même section. On verse dans le tube, au moyen d'une petite fiole jaugée, des volumes égaux d'un liquide dont on détermine par une pesée la valeur absolue. On ferme à un bout un tube de verre pas trop large, on le coupe en un point tel que le petit cylindre obtenu contienne un volume de mercure à peu près égal ([1]) à celui que l'on veut prendre pour unité, et l'on rode le bord autant qu'il le faut pour que le petit tube puisse être her-

---

([1]) Le poids spécifique du mercure, c'est-à-dire le poids de 1^{cc}, est $13^{gr},6$.   (H. E.)

métiquement fermé par une plaque de verre, et contienne exactement le volume fixé. On fait disparaître les bulles d'air qui adhèrent aux parois quand on verse du mercure, en faisant glisser sur les parois, par agitation, une bulle d'air plus grosse que l'on obtient en fermant le tube avec le doigt quand il est encore incomplètement rempli; la grosse bulle entraîne les petites. On achève alors de remplir, on chasse les bulles d'air qui peuvent encore se produire, et l'on se débarrasse du mercure qui forme bouton au-dessus du tube, en poussant avec précaution une plaque de verre sur le bord; par pression on fait disparaître tout excès de mercure.

Le tube mesureur à calibrer est fixé dans la position verticale, et l'on y vide le contenu du petit tube; on entaille la couche de cire à la hauteur du sommet du ménisque de mercure.

On emploie le même procédé pour les tubes divisés en parties d'égale longueur, quand on veut évaluer le volume d'une division, ou vérifier l'uniformité de la section (*calibrer*).

Pour ne pas commettre d'erreur sur la position du ménisque de mercure en le visant obliquement (erreur de parallaxe), on place derrière le tube un fragment de miroir et l'on amène l'œil à une hauteur telle que l'image de la pupille soit partagée exactement en deux parties égales par la surface du mercure. On évalue également par des pesées au mercure le volume d'autres vases mesureurs, les burettes, par exemple.

On calibre le tube d'un thermomètre en détachant de la masse un index de mercure de 2^{cm} à 4^{cm} de longueur, et le faisant courir de place en place tout le long du tube, au moyen de chocs; on note sa longueur en chaque point de l'échelle, en prenant bien garde que l'œil se trouve toujours dans le plan perpendiculaire au tube et passant par le trait, ce qui permet une lecture exacte (les traits de l'échelle ne paraissent pas courbés quand l'œil est bien placé). Si le tube capillaire se rétrécit en un point, l'index paraît plus long, dans le cas contraire, plus court que dans la moyenne ([1]).

Correction due à la courbure du ménisque de mercure. — Si l'on a calibré par le procédé indiqué un tube mesureur destiné, par exemple, à recueillir des gaz sur le mercure, le volume lu dans des cylindres médiocrement larges doit être augmenté d'une petite quantité, à cause de la courbure du ménisque de mercure. Puisque l'extrémité fermée du tube était tournée vers le bas lorsque le volume de mercure mesuré y a été introduit, le

---

[1] Sur le moyen de détacher de la colonne de mercure d'un thermomètre un index de longueur déterminée, *voyez* Note II, p. 181.

Pour un calibrage exact, surtout avec des divisions un peu serrées, l'emploi d'un microscope faible serait nécessaire.

(P. L.)

APPENDICE. 177

volume qui remplit le tube jusqu'au trait l (*fig.* 62) est représenté par la capacité A (en 1). Mais, dans la mesure subséquente du volume d'un gaz au-dessus du mercure dans le même tube, le volume du gaz, lorsque le ménisque de mercure affleure au trait l, est représenté par B (en 2), capacité supé-

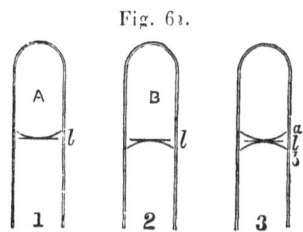

Fig. 62.

rieure à A (en 1) de la quantité comprise entre les deux surfaces sphériques qui sont représentées en 3 par a et b.

Pour évaluer cette correction, on place le tube verticalement, l'ouverture en haut, on verse un peu de mercure, on chasse toutes les bulles d'air, et on lit aussi exactement que possible la position du sommet du ménisque. On verse alors sur le mercure quelques gouttes d'une solution de chlorure mercurique; les propriétés capillaires du mercure vis-à-vis du verre sont modifiées, la surface devient plane. On lit de nouveau. Le double de la différence entre les deux lectures mesure la correction ([1]).

([1]) *Voir* Note III, p. 182. (P. L.)

3. Préparation de fils de verre et de quartz très fins. — On obtient le coton de verre si connu et dont les emplois sont si variés, en chauffant l'extrémité d'une baguette de verre, que l'on met en contact avec la jante d'un grand tambour mobile autour d'un axe horizontal; on fait adhérer le verre, et, maintenant la baguette tout près du dard du chalumeau, on donne au tambour un mouvement de rotation rapide; on peut ainsi tirer d'un petit bâton de verre et enrouler une longueur énorme d'un fil extraordinairement fin. Mais ce fil de verre filé ne possède pas le plus haut degré de finesse. Pour y atteindre, il faut encore augmenter la rapidité de l'étirage et chauffer à la fois aussi peu de verre que possible. On fixe sur la table de la soufflerie une arbalète de bois de pin, de manière qu'elle ait une portée aussi grande que possible; à sa détente est attaché un fil fixé au sol, de sorte qu'on puisse faire partir l'arbalète avec le pied. On prépare de petites flèches de paille, longues de quelques centimètres seulement, que l'on munit en avant d'une aiguille en guise de pointe. On étire alors une tige de verre à la main, à la manière ordinaire; on coupe les deux extrémités épaisses. L'un des bouts du fil ainsi formé est fixé à la cire molle à l'extrémité de la flèche de paille reposant sur l'arbalète; on tient à la main l'autre bout, et l'on dirige le dard du chalumeau sur la partie moyenne du fil. Au moment où il est devenu complètement fluide, on presse la détente avec le pied ; la flèche s'échappe et étire le verre en un fil extraordinairement fin, d'épaisseur tout à fait uniforme (Boys).

Si l'on emploie un chalumeau oxhydrique, on peut fondre le quartz et obtenir de la même manière des fils de quartz très fins.

Ces fils de quartz sont beaucoup employés pour toutes les suspensions de miroirs dans les magnétomètres, galvanomètres, électromètres, etc., très sensibles, à la place des fils de cocon ou des fils d'argent employés jusqu'ici. Ils ont sur ces derniers l'avantage de ne présenter presque pas de résidus d'élasticité et, pour une même sensibilité d'instrument, de pouvoir être pris très courts (quelques centimètres). Comme fils de réticules, ils ont sur les fils d'araignée, employés jusqu'ici, l'avantage d'être plus fins et tout à fait insensibles aux conditions d'humidité de l'air. Ces fils très fins peuvent être employés comme objets pour l'essai du pouvoir séparateur d'un microscope ; l'instrument doit montrer les deux bords du fil nettement séparés.

NOTES.

NOTE I.

On trouve chez les souffleurs de verre des tubes et des baguettes de cristal spécialement destinés à souder le platine au verre. Ce cristal pourrait, comme le *verre d'urane* signalé pages 24, 90, servir à la réunion de deux verres différents, ou à la réparation d'appareils, à défaut de verre convenable.

Pour répéter avec ce cristal, sans le réduire, les opérations que l'on exécute avec le verre, il est nécessaire d'avoir une bonne soufflerie permettant d'envoyer dans tous les cas un excès d'air dans la flamme. Si l'on dispose d'une soufflerie faible, comme le sont quelquefois celles des tables d'émailleur, il est nécessaire de réduire beaucoup l'afflux du gaz, et les soudures deviennent plus difficiles à réussir, la flamme n'étant plus assez chaude. On obtient alors de bons résultats en admettant assez de gaz pour avoir une flamme un peu longue et légèrement violacée, chauffant d'abord un peu au-dessus de la région interne pour bien ramollir la matière, portant rapidement les pièces à la pointe de la flamme dès qu'on s'aperçoit que le cristal prend la couleur rouge qui indique un commencement de réduction, et les y laissant jusqu'à ce que cette couleur ait disparu. Pour souder un tube de cristal à un tube de verre, on chauffera les extrémités en

APPENDICE. 181

tenant le premier à 1^{cm} ou 2^{cm} au-dessus du second, et vers le haut de la flamme, à l'endroit où elle est oxydante.

Pour rétrécir une ouverture trop grande (p. 124), on doit enrouler en spirale, en allant des bords au centre, un fil de cristal dont le diamètre soit à peu près égal à l'épaisseur du verre aux bords de l'ouverture (on pourrait même de cette manière la fermer complètement). Pour obtenir un fil régulier, on étire d'abord une baguette de cristal de manière à avoir, sur une certaine longueur, un fil d'épaisseur voulue; on coupe ce fil à 1^{cm} environ du bout de la baguette, et l'on fait adhérer son extrémité au bord de l'ouverture; on chauffe alors dans la partie supérieure d'une flamme mince, pointue et pas trop chaude, le point où le fil se raccorde à la baguette, et l'on tire doucement et régulièrement, en même temps qu'on enroule le fil ainsi obtenu; il ne faut pas chauffer ce fil lui-même, sous peine de le fondre; à cause du voisinage de la flamme, la dernière spire formée reste assez chaude pour adhérer facilement à celle qu'on enroule.

NOTE II.

Pour calibrer la tige d'un thermomètre, il faut détacher d'abord de la colonne mercurielle un index auquel on donne ensuite la longueur voulue. On place le thermomètre verticalement, le réservoir en haut, et l'on donne quelques secousses; la colonne se rompt quelquefois d'elle-même. Le plus souvent il se forme une *bulle* qui gagne le haut du réservoir, et que l'on amène à la base de la tige en retournant l'instrument; on détachera la colonne entière en inclinant le thermomètre (le réservoir en haut) et donnant au besoin une légère secousse. Si l'on n'aboutit pas ainsi, on incline légèrement la tige vers le bas et l'on chauffe le réservoir jusqu'à ce que l'extrémité de la colonne pénètre dans l'ampoule terminale; deux ou trois chocs donnés avec le doigt vers le bout de la tige projettent du mercure dans l'ampoule; en redressant l'instrument et le secouant, on ramène dans le canal l'index, *qui ne doit pas suivre le mouvement de retrait du reste de la colonne* lorsque l'on tient le thermomètre horizontal; s'il le suit, c'est que le thermomètre contient un gaz dont une certaine quantité s'est interposée entre les deux portions de la colonne; il n'est plus possible de régler la longueur de l'index. Pour la régler, en effet, on redresse légèrement l'instrument et l'on amène l'extrémité inférieure de l'index en face d'une division n qui doit être d'autant plus éloignée du réservoir que l'on veut un index plus court, puis on rend le thermomètre horizontal et l'on chauffe le réservoir de manière à souder les deux portions de la colonne, et à faire en outre évacuer de quelques divisions l'extrémité antérieure; on laisse alors refroidir, et lorsque la colonne ne dépasse plus n que de la longueur voulue, on incline brusquement le tube, la colonne se rompt en face de n. (Il est commode d'appuyer le bas de la tige sur la main gauche posée de champ sur la table, et de soutenir l'extrémité avec la main droite; en abaissant brusquement cette main à l'instant voulu, on provoque la rupture de la colonne.) Des index de 4^{cm} ou plus sont faciles à séparer; il est difficile d'en obtenir de plus courts; d'ailleurs, leur mobilité augmente avec leur longueur.

NOTE III.

Supposons (*fig.* 63) que le volume du mercure contenu dans le tube, quand le sommet M du ménisque est tangent au trait CD, soit 5^{cc} par exemple. La capacité du

APPENDICE.
183

tube jusqu'en CD est 5^{cc} plus la différence entre le volume du cylindre ABCD et le volume du ménisque AMB. En admettant que la surface du ménisque soit sphérique, ce qui est à peu près exact en général, on voit aisément que

Fig. 63.

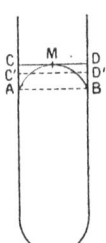

cette différence est comprise entre la moitié et le tiers du volume ABCD. L'addition de la solution de chlorure mercurique fera donc baisser le niveau d'une quantité CC' comprise entre la moitié et le tiers de la flèche AC du ménisque. Il faut que la correction puisse être facilement évaluée en fonction de la capacité d'une division ; on sera donc dans les meilleures conditions lorsque la distance de deux traits successifs de la graduation sera peu différente de la flèche du ménisque, et telle qu'on puisse facilement la partager, soit à l'œil nu, soit à la loupe, en quatre ou cinq parties. (P. L.)

FIN.

ADDITIONS ET RECTIFICATIONS.

Page 35. — On peut trouver dans le commerce, sous le nom de *coupe-verre*, l'instrument décrit (Catalogue de la maison *Poulenc*, notamment p. 174).

Page 109, ligne 3, au lieu de : *un morceau de tube assez long*, lire *le tube sur une assez grande longueur*.

Page 114, ligne dernière, au lieu de : *de gauche à droite*, lire *de droite à gauche*.

Page 156, ligne 13. — On pourrait également s'en procurer chez les principaux souffleurs de verre français.

Page 171, ligne 12, au lieu de : *équivalentes*, lire *équidistantes*.

Page 182, ligne 17, au lieu de : *évacuer*, lire *avancer*.

TABLE DES MATIÈRES.

	Pages.
AVERTISSEMENT	V
PRÉFACE	VII

INTRODUCTION.

Installation du souffleur de verre	1
INSTRUMENTS SERVANT A SOUFFLER LE VERRE	1
1. *Chalumeaux*	1
Chalumeau à huile	3
Chalumeau à gaz simple, facile à construire	4
Chalumeau à gaz usuel	5
Chalumeau à réglage simultané du gaz et de l'air.	8
2. *Souffleries*	8
Soufflet simple	9
Trompe à eau	10
Trompe à chute	12
3. *Table de travail*	14
4. *Instruments accessoires*	16
Couteau à verre	16
Flammes auxiliaires	17
Ustensiles divers	18

	Pages.
Le Verre..	21

1. *Variétés de verres les plus employées*.............. 21
  Verre à base de soude facilement fusible (verre de Thuringe).. 22
  Verre à base de plomb facilement fusible (cristal, flint-glass)... 22
  Verre peu fusible à base de potasse (verre de Bohême). 23
  Verre normal d'Iéna.. 23
  Verre d'urane... 24

2. *Essai du verre*....................................... 26
  Caractères extérieurs.. 27
  Tenue dans la flamme du chalumeau................... 27
  Essai chimique... 29

Note 29

PREMIÈRE SÉRIE D'EXERCICES.

Les tours de main les plus simples dans le travail du verre 31

1. *Nettoyage d'un tube*................................. 31

2. *Couper les tubes et les baguettes de verre*........... 33
  Rupture des tubes... 35
  Rupture des tubes par fêlure :
  α. Fêlure par action directe de la flamme....... 37
  β. Fêlure au moyen d'une goutte de verre chaud ou du charbon... 38
  γ. Rupture par un fil de verre chaud............ 40
  δ. Rupture au moyen d'un crochet en fil de fer. 41
  ε. Rupture au moyen d'un fil enflammé......... 41
  ζ. Rupture entre deux coussinets de papier...... 42
  η. Rupture au moyen d'un fil de platine rougi par un courant électrique............................ 42

3. *Courber, dans la flamme fumeuse, les tubes de verre pas trop larges*.. 43

TABLE DES MATIÈRES.

	Pages.
4. *Flammes du chalumeau*	47
Flamme pointue (dard)	48
Flamme en balai ou flamme soufflante	51
Flamme fumeuse	53
5. *Chauffage du verre*	54
6. *Refroidissement du verre chaud*	55
Note	57

DEUXIÈME SÉRIE D'EXERCICES.

Exercices avec une seule main	58
1. *Arrondir les extrémités des tubes*	59
2. *Border les bouts des tubes (bords en saillie)*	61
Épaissir le bord	61
Courber le bord en dehors	61
3. *Fermer une extrémité d'un tube étroit*	62
Exercice : Construction de petits seaux en verre.	63
4. *Souffler une sphère au bout d'un tube de sûreté ou d'un tube capillaire*	64
Exercice : Faire de petits vases à conserver les préparations	66
Exercice : Soufflage des réservoirs de thermomètres	66
5. *Préparer de très petits entonnoirs sphériques*	67
6. *Ouvrir les tubes*	67
7. *Souffler un tube court sur un vase large*	69

TROISIÈME SÉRIE D'EXERCICES.

Travaux simples avec les deux mains	71
1. *Contraction des tubes*	71
2. *Étirer un tube*	72
Exercice : Préparer des tubes à combustion	73

	Pages.
3. *Fermer à un bout un tube large*	74
Exercice : Préparer des tubes d'essai	79
Exercice : Construire des manomètres et des baromètres à siphon	79
4. *Étrangler ou obturer le canal*	80
5. *Soufflage des ballons ou des sphères de verre*	81
Souffler une boule au milieu d'un tube :	
α. Petites boules.............................	81
β. Grosses boules	82
γ. Dilatations sphériques dans les tubes capillaires.	83
Souffler une sphère à l'extrémité d'un tube large...	83
Exercice : Préparer de gros entonnoirs à boule.	88
6. *Élargir un tube en son milieu*	89
7. *Souder entre eux des tubes de même axe*	90
Soudure de deux tubes de même diamètre :	
α. Tubes de sûreté	91
β. Tubes à souffler	92
γ. Tubes très étroits...........................	93
δ. Tubes capillaires...........................	94
Soudure de deux tubes de diamètres inégaux	94
Exercice : Construction d'un compte-gouttes à mercure (d'après Heerwagen)	96
8. *Souder des tubes latéralement*	98
Soudure latérale d'un tube de sûreté sur un tube large, une sphère de verre ou un ballon de verre.	98
Construction de tubes en T	100
Préparation de tubes en Y	101
Exercice : Construction de pulvérisateurs	102
Exercice : Construire un brûleur de Bunsen en verre..	103
Exercice : Sceller un vase dans lequel règne un excès de pression (d'après A. Richardson).....	105

QUATRIÈME SÉRIE D'EXERCICES.

Pages.

Exercices spéciaux et construction d'appareils composés... 107

1. *Courber de larges tubes dans la flamme du chalumeau; faire des tubes en U, en V et en spirale*... 107
   Préparation de tubes en V et en U............... 108
   Préparation des tubes en spirale................. 109

2. *Doubles soudures* 110
   Souder deux tubes l'un dans l'autre.............. 110
   Souder un tube dans une sphère.................. 114
   Exercice : Souffler une trompe à eau........... 116

3. *Sceller des électrodes*............................. 116
   Masticage des électrodes......................... 117
   Soudure de fils de platine sans émail............ 118
   Exercice : Construction d'éléments étalons et de fulgurateurs................................ 122
   Souder des fils de platine au moyen du cristal à souder. 123
   Exercice : Construction d'un eudiomètre........ 126

4. *Soudure des parties isolées d'appareils de grandes dimensions et peu maniables*.................... 127

5. *Préparation des bouchons de verre*................ 130
   Exercice : Construction d'un appareil à électrolyse (d'après A.-W. von Hoffmann)........... 133

CINQUIÈME SÉRIE D'EXERCICES.

Construction des appareils à vide............... 137

TUBES A VIDE...................................... 137

1. *Construction d'ampoules à vide et de tubes à vide sans électrodes*.................................. 138

TABLE DES MATIÈRES.

	Pages.
2. *Préparation des tubes de Geissler*	140
Tubes de Geissler simples, à électrodes mastiquées.	140
Tube de Geissler simple à électrodes soudées	141
Tube de Geissler plus compliqué	142
Exercice : Préparation d'une lampe à incandescence de Tesla à un seul pôle	144

APPAREILS AUXILIAIRES POUR LES TRAVAUX A LA MACHINE PNEUMATIQUE ... 145

1. *Joints rodés*	145
Forme habituelle	145
Joints au mercure :	
α. Forme simple	149
β. Joint à coupé	149
γ. Joint normal de W.-A. Kahlbaum	150
2. *Robinets*	151
Robinets avec fermeture au mercure :	
α. Robinet de Cetti	153
β. Robinet d'Eiloart	153
γ. Robinet de Gimmingham	154
δ. Robinet de Kahlbaum	155
3. *Connexions pour appareils à vide*	156
Connexions étanches	156
Raccords formant ressort	158
Fermeture au mercure	160
α. Forme simple	161
β. Fermeture avec chambre à air	161
γ. Appareil à hydrogène de Cornu	164
Exercice : Construction d'une lampe à luminescence d'Ebert	167

APPENDICE.

	Pages.
1. *Gravure sur verre*	169
2. *Graduation et calibrage des tubes*	170
Graduation en longueurs arbitraires	170

Graduation en parties de longueur déterminée :

α. Transport de l'échelle au moyen du compas à verge	172
β. Transport de l'échelle au moyen de l'équerre à coulisse	172
γ. Transport de l'échelle au moyen de la machine à diviser	174
Graduation en parties d'égal volume (calibrage des tubes mesureurs)	174
Correction due à la courbure du ménisque de mercure	176
3. *Préparation de fils de verre et de quartz très fins.*	178

NOTES.

Note I	180
Note II	181
Note III	182

FIN DE LA TABLE DES MATIÈRES.

5362 B. — Paris, Imp. Gauthier-Villars et fils, 55, quai des Gr.-Augustins.

www.ingramcontent.com/pod-product-compliance
Lightning Source LLC
Chambersburg PA
CBHW021758230426
43669CB00006B/117